Wunderbare Weihnachtsfreuden

Jane Newdick

Wunderbare Weihnachtsfreuden

Zauberhafte Geschenk-und Gestaltungsideen
Festliche Rezepte und Tischdekorationen

BLV

Die Deutsche Bibliothek – CIP-Einheitsaufnahme

Wunderbare Weihnachtsfreuden : zauberhafte Geschenk- und Gestaltungsideen ; festliche Rezepte und Tischdekorationen / Jane Newdick. [Übers. aus dem Engl.: Sabine Schmidt]. – München ; Wien ; Zürich : BLV, 1997
Einheitssacht.: Ultimate Christmas <dt.>
ISBN 3-405-15256-9

Ein Dorling Kindersley Buch

BLV Verlagsgesellschaft mbH
München Wien Zürich
80797 München

Titel der englischen Originalausgabe:
ULTIMATE CHRISTMAS

Produktionsbetreuung: Print Company Verlagsges.m.b.H., Margaretenstr. 87, 1050 Wien
Übersetzung aus dem Englischen: Sabine Schmidt
Lektorat: KIZ Zettl KEG
Satz und DTP: Kaltenbrunner+Dorfinger OEG
Einbandgestaltung: Studio Schübel, München
Einbandfoto: Dave King

Printed and bound by
C&C Offset Printing, Co., Ltd, Hong Kong

ISBN 3-405-15256-9

INHALT

Licht- & Raumgestaltung 74

Geschenke & Weihnachtskarten 96

Die festliche Tafel 122

Weihnachtliche Genüsse 144

Vorwort

Heutzutage bekommt man alles, was man für ein perfektes Weihnachtsfest braucht, schon während eines einzigen teuren und anstrengenden Einkaufsmarathons. Zwei bis drei Monate locken uns die Geschäfte mit einer unüberschaubaren Flut weihnachtlicher Angebote: raffinierte Dekorationen, aufwendige Geschenke, Köstliches aus aller Welt. Sogar vollständig geschmückte Bäume mit allem Drum und Dran gibt es zu kaufen. Dabei ist es noch gar nicht so lange her, daß die Weihnachtsdekoration eines Hauses aus einem simplen Tannenzweig bestand und schon einfaches Holzspielzeug und eine Mandarine Kinderaugen zum Leuchten brachten. Heutzutage geht immer mehr Menschen die Freude an den Festvorbereitungen verloren. Großmutters Festtagsrezepte nachzukochen, die alten Christbaumkugeln hervorzuholen und kleine Geschenke oder Weihnachtsdekorationen selbst zu basteln – all das ist eine wunderbare Einstimmung auf das schönste Fest des Jahres. Im Einkaufsstreß unterdrücken wir unsere eigene Kreativität und vergessen, daß eine selbstgemachte, liebevoll verpackte Kleinigkeit viel mehr Freude bereitet als ein aufwendiges, aber unpersönliches Geschenk, das man schnell noch irgendwo kauft.

Selbstgemacht bedeutet keinesfalls armselig oder unansehnlich – das riesige Angebot an Zubehör und Materialien macht das Basteln von Geschenken und Weihnachtsaccessoires so leicht wie nie zuvor. Es gibt wunderschönes Papier, prächtige Stoffe, Glasperlen, Goldfolie, frische und getrocknete Früchte, Blätter und Blumen, Kerzen in allen erdenklichen Farben und Formen, edle Bänder und vieles mehr.

Auch die Speisen, die wir zu Weihnachten im Familien- und Freundeskreis genießen, sind ein wesentlicher Bestandteil des Festes. Traditionelle Gerichte bringen ein beruhigendes Gefühl von Beständigkeit und Sicherheit in unser oft hektisches Leben. Doch Weihnachten bietet sich auch für interessante Experimente mit exotischen Zutaten und Gerichten an, die für reizvolle Abwechslung sorgen.

Viele Menschen zweifeln an ihrer Kreativität. Zu Weihnachten wagt man sich noch eher ans Selberbasteln, seien es Weihnachtskarten mit individuellem Aufdruck, Tafelaufsätze mit Kerzen und Blumen oder selbst gestaltetes Geschenkpapier. Beginnen Sie mit Dingen, die Ihnen leicht fallen: Wenn Sie nähen können, versuchen Sie es vielleicht mit eleganten Stoffdekorationen für Ihren Baum. Fühlen Sie sich mit einer Tube Klebstoff sicherer, kleben Sie Blütenblätter auf eine Baumwollkugel. Die Köche unter Ihnen können Kekse backen und damit ihren Baum behängen. Und wer glaubt, zwei linke Hände zu haben, kann noch immer Früchte und Nüsse zu festlichen, bunten Girlanden zusammenstecken.

Nach den ersten kleinen Erfolgen wird Ihnen das Basteln mit schönen Dingen und Materialien noch mehr Spaß machen. Ihre wertvolle Zeit, Ihre Hingabe und Kreativität machen aus dem Ergebnis in jedem Fall etwas ganz Besonderes. Ich wünsche Ihnen viel Spaß beim Basteln – auf daß diesem kreativen Weihnachtsfest noch viele weitere folgen werden.

Jane Newdick

*D*IE GESCHICHTE DES FESTES

Einem Kind, das zum ersten Mal das Weihnachtsfest erlebt, bietet sich eine Fülle überwältigender Eindrücke: Bäume mit flackernden Lichtern, Weihnachtslieder, verlockende Torten und Kekse, unzählige Päckchen mit Geschenken und tagelange Festlichkeiten. Unser Weihnachtsfest verbindet unterschiedlichste Traditionen. Einige davon gehen auf religiöse und gesellschaftliche Bräuche zurück, andere auf uralte Überlieferungen und magische Rituale. Im Lauf der Jahrhunderte verschmolzen diese weltlichen und religiösen Bräuche zu einem einzigen großartigen Fest.

Geschmückte Räume
Alte Weihnachtskarten zeigen den typischen Zimmerschmuck aus immergrünen Zweigen.

DER WEIHNACHTSTAG

Schon lange vor Christi Geburt waren Feste zur Zeit der Wintersonnenwende, des kürzesten Tags des Jahres, weit verbreitet; ihre Ursprünge lassen sich bis ins alte Babylon und nach Ägypten verfolgen. Eines der größten Feste waren die römischen Saturnalien vom 17. bis zum 24. Dezember. Die christliche Kirche feierte unterschiedliche Tage als Christi Geburt. Schließlich einigte man sich auf den 25. Dezember, um die heidnischen Feste der Wiedergeburt des Lichtes in der Dunkelheit des Winters zu verdrängen. Einige Riten und Bräuche, wie das Schmücken von Häusern und öffentlichen Gebäuden mit immergrünen Zweigen, wurden sehr rasch vom Christentum übernommen.

BÄUME UND IMMERGRÜNER SCHMUCK

Baumkulte gab es schon in prähistorischer Zeit. Auch der Christbaum dürfte – als immergrüner Baum des Waldes und Verkörperung des Überlebens bis zum Frühling – heidnischen Ursprungs sein. Mit Zweigen geschmückte Häuser finden sich schon in Berichten aus dem 16. Jahrhundert. Christbaumschmuck aus Äpfeln, Papierblumen und Kerzen wurde im deutschen Sprachraum dagegen erst im 19. Jahrhundert populär. Bereits vor der Jahrhundertwende begann die industrielle Produktion von Weihnachtsschmuck. Heutzutage greift man vermehrt zu Massenprodukten, statt den Baumschmuck selber zu basteln.

Grüne Kränze, Misteln und Stechpalmenzweige gehörten schon vor Urzeiten als fester Bestandteil zu heidnischen Riten. Die keltischen Druiden glaubten, die Misteln könnten das Böse abwehren und die Fruchtbarkeit fördern. Auch bei Griechen und Römern war die Mistel hochangesehen. In der nordischen Mythologie galt sie als Friedenssymbol. Die Stechpalme wurde vom Christentum übernommen, und ihre roten Beeren galten als Symbol für das Blut Christi. Die Mistel mit ihrem machtvollen heidnischen Symbolgehalt war dagegen in christlichen Kirchen verboten. Heute gehören Mistelzweige zu einem weihnachtlich geschmückten Eingang jedoch dazu.

Salzteigkronen
(siehe S. 20–21)
Selbstgebackene Salzteigfiguren sind ein wunderschöner Christbaumschmuck.

Karten und Geschenke

Die alten Römer machten sich während der Saturnalien großzügige Geschenke. Doch dann geriet dieser Brauch bis ins 19. Jahrhundert in Vergessenheit. Erst mit dem Beginn des Massenkonsums setzte sich auch das Beschenken wieder durch. Ursprünglich wurden einfache, selbstgemachte Geschenke unverpackt überreicht. Doch im Lauf der Zeit entstanden raffinierte Verpackungen und Dekorationen.

Im vorigen Jahrhundert begann man auch, Weihnachtskarten zu versenden. Anfangs wirkten sie allerdings wenig weihnachtlich – oft waren die Motive kitschig, gelegentlich sogar leicht frivol. Mit der Verbreitung des Farbdrucks wurden Bilder häuslicher Idylle oder verschneiter Landschaften populär. Im Jahr 1843 begann Henry Cole, ein Londoner Museumsdirektor, mit der gewerblichen Produktion von Weihnachtskarten. Das allgemeine Postwesen machte es bald großen Bevölkerungsschichten möglich, ihren Lieben Weihnachtsgrüße zu schicken. So hieß es schon damals: »Die Weihnachtspost bitte rechtzeitig aufgeben!«

Traditionelle Weihnachtskarte
Im 19. Jahrhundert begann man, Weihnachtskarten zu versenden.

Woher kommt der Weihnachtsmann?

Santa Claus, der Weihnachtsmann, Sankt Nikolaus und Sinterklaas sind ein und dieselbe christliche Figur, die den römischen König der Saturnalien verdrängte. Der echte Nikolaus lebte im vierten Jahrhundert als Bischof in Kleinasien. Bereits im Mittelalter wurde er als Heiliger verehrt. In Deutschland, Österreich, der Schweiz und den Niederlanden entwickelte sich der Brauch, am 6. Dezember Geschenke zu verteilen. Das Bild vom Mann mit dem weißen Rauschebart im roten Mantel ist jedoch relativ jung. Bis vor hundert Jahren wurde der heilige Nikolaus im Bischofsmantel oder in einer langen braunen Kutte mit Kreuz, Weinflasche und einer Krone aus Stechpalmenzweigen dargestellt. Louis Prang, ein Drucker aus Boston, schuf 1885 den roten Mantel. Dieses Motiv wurde in den 30er Jahren von Haddon Sundblom, einem Werbegrafiker von Coca Cola, übernommen. So entstand der freundliche dicke Mann im pelzbesetzten roten Mantel. Die Rentiere vor seinem Schlitten sind Relikte aus der nordischen Mythologie. Odin ritt als Anführer der berühmten Wilden Jagd mit 42 geisterhaften Jägern auf Rentieren über den Himmel. Sein Nachfolger auf dem himmlischen Schlitten, der anglo-amerikanische Weihnachtsmann, verdrängt seit einigen Jahren immer stärker unser Christkind.

Der Weihnachtsmann
Früher trug er gedecktes Braun. Doch heute kennt man den Weihnachtsmann mit rotem Mantel und weißem Bart.

Sitten und Bräuche

Es gibt die seltsamsten Weihnachtsbräuche und Traditionen. Ihre Wurzeln reichen oft bis in graue Vorzeit zurück. Die meisten Menschen denken etwa beim Baumkuchen an einen köstlichen Schokoladekuchen in der Form eines Baumstumpfes. Ursprünglich handelte es sich um ein Stück Holz, das am Weihnachtsabend aus dem Wald ins Haus gebracht und als Symbol der Sonne und ihrer

Wärme verbrannt wurde. In manchen Regionen wurde eine menschliche Gestalt mit Kreide auf das Holz gezeichnet – möglicherweise das Relikt eines uralten Opferrituals zur Wintersonnenwende. Der Engländer Tom Smith erfand den »Christmas Cracker«, ein längliches Knallbonbon. Diese Cracker enthalten Papierhütchen, die weihnachtlichen Kopfbedeckungen aus der Tudor-Zeit nachempfunden sind. Fröhliche Feste mit Gesang und Tanz sind in vielen Kulturen untrennbar mit der Weihnachtszeit verbunden. Schon vor Jahrhunderten versammelten sich unsere Vorfahren während der langen Nächte der Wintersonnenwende zu ausgelassenen Festen mit üppigen Speisen und Getränken. Daran hat sich bis heute nicht viel geändert. In vielen Ländern ist Weihnachten auch die Zeit des Laientheaters, bei dem häufig die Geschlechter- und Machtverhältnisse umgedreht werden. Die Ursprünge dieser Theaterstücke lassen sich von den Possenspielen des 18. Jahrhunderts bis zu den Saturnalien der Römer zurückverfolgen.

Baumschmuck
Bunte Glaskugeln erzeugen wunderschöne Lichtreflexe.

Feiern und genießen

Das Essen spielte zu Weihnachten schon immer eine zentrale Rolle. Die im Sommer angelegten Vorräte, konservierten Nahrungsmittel und die letzten Reste frischer Nahrung wurden aufgetischt, um ein Festmahl zu feiern und für eine kurze Zeit der Erholung und des Feierns die Härten des Winters zu vergessen. Einige traditionelle Weihnachtsgerichte zeugen von einer Zeit, in der getrocknete Früchte, Nüsse oder Gewürze aus fernen Ländern Luxus waren und für besondere Gelegenheiten aufgehoben wurden. Typisch sind die schweren Früchtekuchen und Christmas Puddings in England, die mit Äpfeln und Nüssen gefüllte gebratene Gans in Deutschland und die Gewürzkuchen, -kekse und -brote in Mitteleuropa.

Truthahn mit Maisbrotfülle
(Rezept siehe S. 159) Er wird mit Preiselbeeren, Heidelbeeren, Kürbis und gerösteten Eßkastanien serviert.

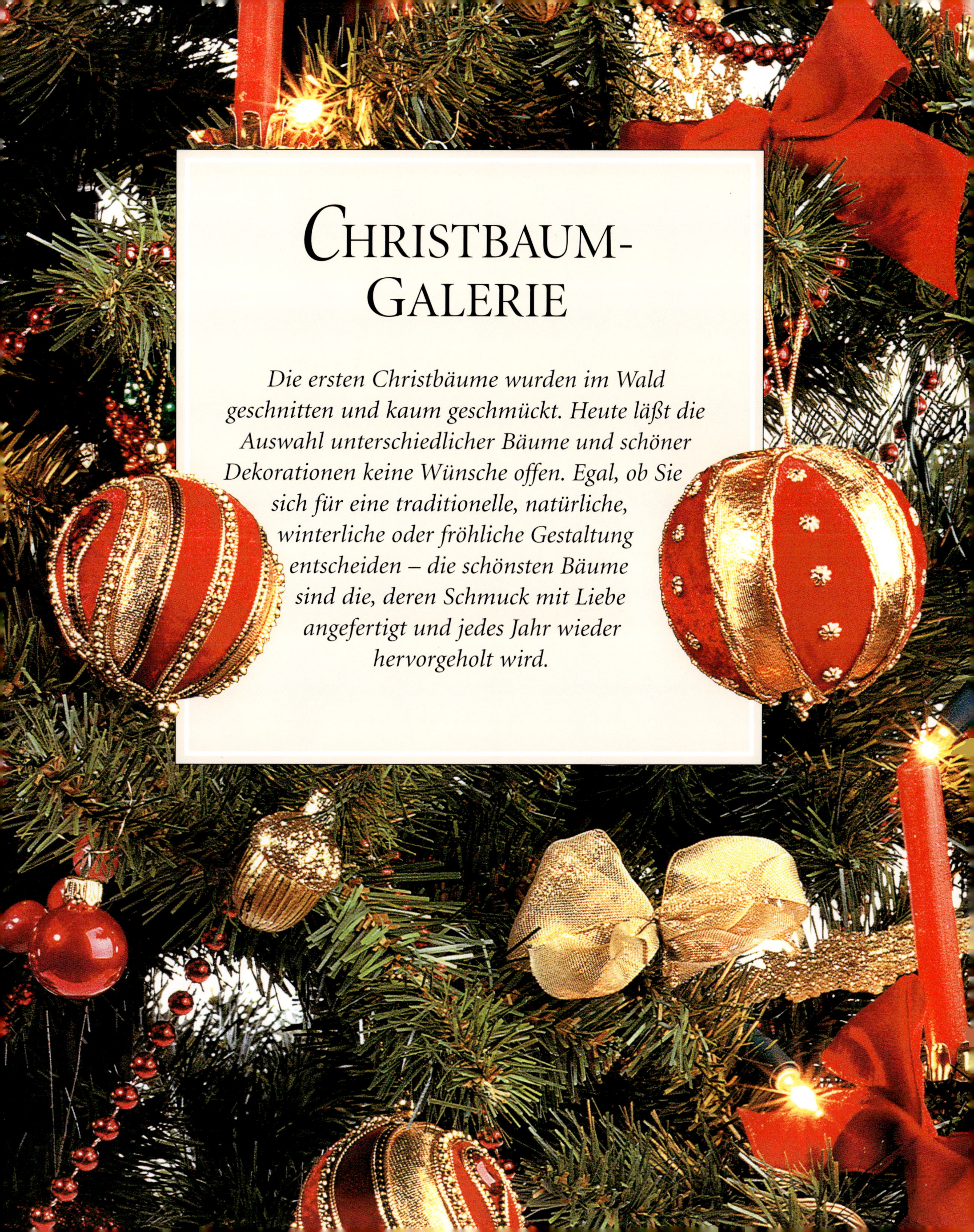

CHRISTBAUM-GALERIE

Die ersten Christbäume wurden im Wald geschnitten und kaum geschmückt. Heute läßt die Auswahl unterschiedlicher Bäume und schöner Dekorationen keine Wünsche offen. Egal, ob Sie sich für eine traditionelle, natürliche, winterliche oder fröhliche Gestaltung entscheiden – die schönsten Bäume sind die, deren Schmuck mit Liebe angefertigt und jedes Jahr wieder hervorgeholt wird.

Die Wahl von Bäumen & Töpfen

Bei der großen Auswahl an Christbäumen haben Sie die Qual der Wahl. Mögen Sie den frischen Duft eines lebenden Baumes? Schätzen Sie die Problemlosigkeit eines künstlichen Baumes? Oder wollen Sie etwas Modernes, das nicht jeder hat? Berücksichtigen Sie Faktoren wie Kosten, Platzbedarf und Haltbarkeit bei Ihrer Entscheidung. Haben Sie Ihren Baum gefunden, brauchen Sie einen passenden Topf.

Naturbäume

Einen eingetopften Baum mit Wurzeln können Sie nach Weihnachten in den Garten pflanzen. Ein geschnittener Baum behält seine Nadeln lange, wenn er im Wasser steht.

Kleine glänzende Blätter

LORBEERBAUM (siehe auch S. 44)
Dieser dicht belaubte Baum mit seiner schönen Kugelform ist etwas ungewöhnlich, aber für kleine Räume ideal. Setzen Sie ihn in einen Topf, gießen Sie ihn regelmäßig und schmücken Sie ihn mit Minidekorationen. Manche Gärtner bieten auch getrimmte Lorbeerbäume in verschiedenen Formen an.

Zweifarbige Blätter lockern das Erscheinungsbild des Baumes auf

STECHPALME (siehe auch S. 28)
Warum nicht gleich den ganzen Baum ins weihnachtliche Haus holen? Es gibt Stechpalmen in frischem Grün mit roten Beeren, ausgefallene langstämmige Züchtungen und interessante buntblättrige Sorten.

BLAUFICHTE (siehe auch S. 19)
Der Baum verdankt seinen Namen der auffälligen Färbung, die mit Rot und Gold wunderbar harmoniert. Beim Dekorieren muß man die spitzen Nadeln in Kauf nehmen, die der Baum jedoch kaum verliert.

Blaugrüne spitze Nadeln

Ein Übertopf aus Schilfrohr verbirgt den nicht ganz so hübschen wasserdichten Topf

NORDMANNSTANNE (siehe auch S. 29)
Diese dichte Tanne behält ihre glänzenden grünen Nadeln lange und ist deshalb ein idealer Christbaum fürs Wohnzimmer. Mit ihren schönen stufigen Ästen ist sie auch leicht zu schmücken.

KIEFER (siehe auch S. 33)
Dieser Baum behält seine Nadeln sehr lange. Vorsicht ist bei zerbrechlichem Baumschmuck angebracht, da die Kugeln leicht von den Enden der weichen Zweige rutschen können.

NORWEGISCHE FICHTE (siehe auch S. 45)
Dieser prächtige Baum besticht durch seine volle, dichte Form. Unter seinen spitzen, dünnen Nadeln schimmert das helle Braun der Zweige durch.

Der wasserdichte Topf wird unter einem Weidenkorb versteckt

Töpfe

Bäume mit Wurzelballen gehören in feuchte Erde, geschnittene Bäume in Wasser, Erde oder Sand.

Blecheimer mit Erde oder Wasser eignen sich für echte Bäume.

Verzierte Terrakottatöpfe sind nur glasiert für feuchte Erde geeignet.

Tontöpfe sind billig, leicht zu bemalen und für alle Bäume geeignet.

Messingeimer passen besser zu echten Bäumen.

KÜNSTLICHE BÄUME

An einem guten künstlichen Baum haben Sie jahrelang Freude. Wenn Stauraum Mangelware ist, dann nehmen Sie einen zerlegbaren Baum. Es muß nicht immer eine künstliche Tanne sein – es gibt heute schon zahllose originelle Alternativen für jeden Geschmack.

REISIGBAUM (siehe auch S. 39)
Setzen Sie gewagte naturalistische Akzente mit einem Baum aus Reisig! Er ist in verschiedenen Größen erhältlich und mit seinen dichten Zweigen einfach zu schmücken. Seine kleinere Version macht sich auch gut in einem Fenster.

In diesen Zweigen kommt der Baumschmuck nicht ins Rutschen

Die Zweige können problemlos mit Farbspray gefärbt werden

Der Baum wird in einen passenden Ständer gestellt

SILBERNER REISIGBAUM (siehe auch S. 23)
Geben Sie Ihrem Reisigbaum ein völlig neues Gesicht und besprühen Sie ihn mit Silberfarbe – eine wirkungsvolle Basis für winterlich weiße Weihnachtsdekorationen.

Christbaumständer

Diese variablen Ständer sind ideal für Bäume, die nicht gegossen werden müssen.

Der dunkelgrüne schmiedeeiserne Ständer gibt auch großen Bäumen Halt.

Der elegante rote Eisenständer ist durch sein breites Gestell besonders stabil.

Der grüne Stahlrohrständer kann einfach zusammengeklappt und verstaut werden.

KÜNSTLICHER BAUM
(siehe auch S. 18, 22, 38)
Diese täuschend echte Tanne bleibt immer perfekt in Form und verliert nie ihre Nadeln. Entscheiden Sie sich für einen hochwertigen Baum, den Sie jahrelang verwenden können.

METALLBAUM (siehe auch S. 32)
Ein eleganter Metallbaum in minimalistischem Stil verlangt nach einfacher, sorgfältig abgestimmter Dekoration. Benutzen Sie den Baum das ganze Jahr und putzen Sie ihn zu Weihnachten besonders heraus.

Edle Tradition

Königliches Rot und Gold verleihen diesen klassischen Bäumen ihr festliches Aussehen. Altmodische und selbstgemachte Dekorationen fügen sich mit modernen Stücken zu einem harmonischen Ganzen. Schleifen, Fruchtringe und Salzteigfiguren wetteifern mit prachtvollen Goldquasten und Ketten aus karminroten Kugeln um die besten Plätze, während Wachskerzen Behaglichkeit und Wärme vermitteln.

ALT UND EDEL

Schmücken Sie einen künstlichen Baum mit dem leuchtenden Rot und Gold unzähliger Dekorteile, von alten Familienerbstücken bis zu neuen Kugeln und Anhängern. Wachskerzen sind zu gefährlich, deshalb sorgen Lichterketten für den nötigen Glanz.

DIE HEILIGEN DREI KÖNIGE

Die Dekoration in traditionellem Rot und Gold steht in reizvollem Kontrast zu der wunderschönen Blaufichte. Stellen Sie die Weihnachtsgeschichte mit goldenen Kamelen, prächtigen orientalischen Kronen und funkelnden Sternen dar und setzen Sie Glanzlichter mit roten Beeren, schimmernden Quasten, goldenen Schneeflocken und glänzenden Kugeln.

So entstehen Salzteigkamele

Diese Angaben reichen für ungefähr zehn Kamele. Falls Sie nicht so viele brauchen, hält sich der restliche Teig, in Frischhaltefolie verpackt, auch einige Wochen im Kühlschrank. Eine Glasur gibt den Figuren zusätzlichen Schutz und Glanz.

Sie brauchen

2 Tassen Mehl

eine Tasse Salz

Goldfarbe

rote Farbe

15 cm Schnur

30 kleine Perlen

◆ WERKZEUG ◆

Bleistift
Karton
Schneidfeder
Schneideunterlage
Rührschüssel
Holzlöffel
Wasser
Mehl zum Bemehlen
Nudelholz
Küchenmesser
Knoblauchpresse
Backblech
Stecknadel
Backrost
Pinsel
Glasur (eventuell)
Klebstoff

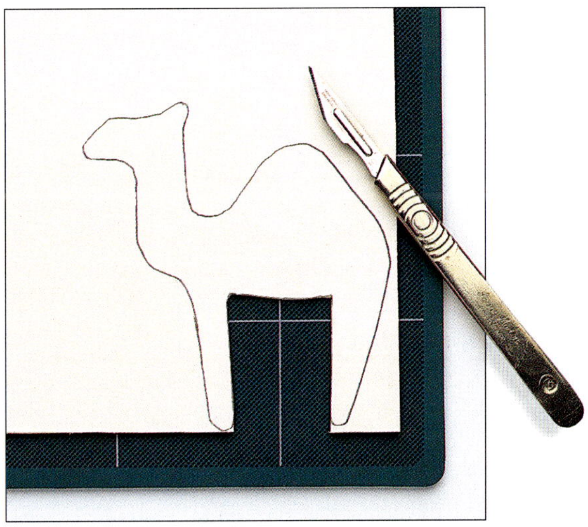

1 Kamel-Schablone von S. 187 auf Karton übertragen und mit der Schneidfeder vorsichtig ausschneiden.

2 Mehl und Salz vermischen, langsam eine Tasse Wasser hinzufügen, bis eine trockene, knetbare Masse entsteht.

3 Masse zu einem Teig verkneten und auf einer bemehlten Oberfläche 6 mm dick ausrollen.

4 Karton-Schablone auf den Teig legen und mit der Schneidfeder ausschneiden. Zehn Kamele herstellen.

5 Für die Sättel zehn kleine Teigstücke ausschneiden und Muster einritzen. Für die Sattelfransen etwas Teig durch eine Knoblauchpresse drücken. Kamele damit verzieren.

6 Kamele bei geringer Hitze etwa vier Stunden backen, bis der Teig hart, aber nicht braun ist. Zum Testen mit einer Stecknadel in den Kamelrücken stechen. Auf einem Backrost auskühlen lassen.

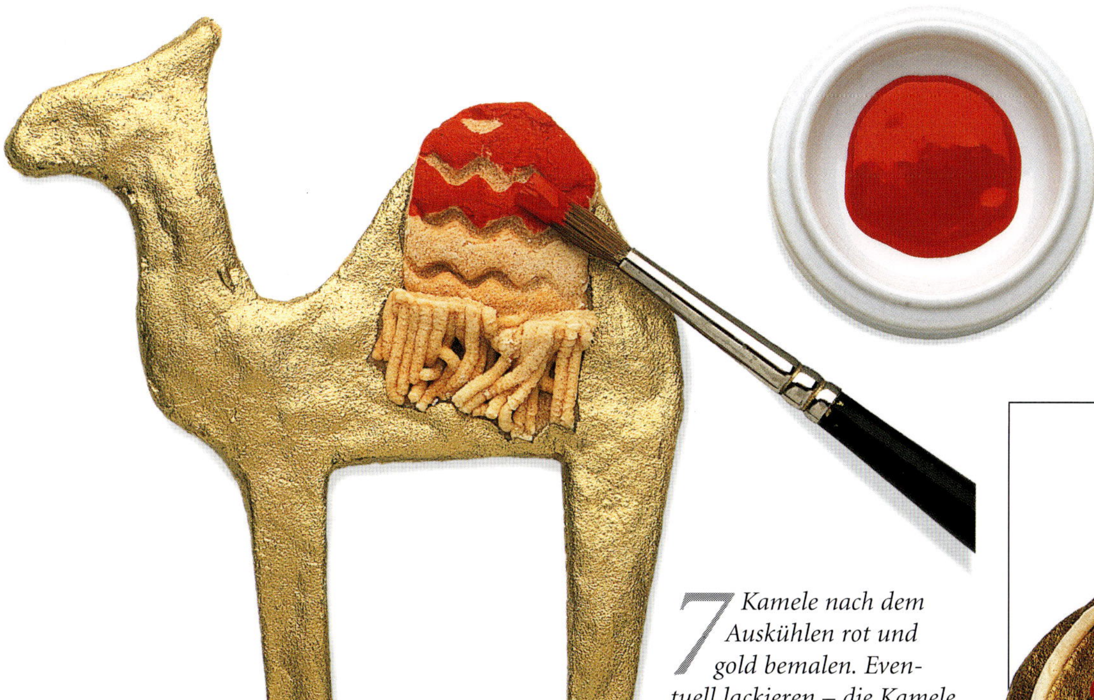

7 Kamele nach dem Auskühlen rot und gold bemalen. Eventuell lackieren – die Kamele halten dann länger.

8 Eine Schlaufe aus Goldschnur auf die Rückseite kleben. Sattel mit glänzenden Kügelchen verzieren.

Juwelenkrone

Nach derselben Methode können Sie auch Salzteigkronen herstellen. Kronen nach eigenen Vorstellungen gestalten, rot und gold bemalen und mit glänzenden Goldkügelchen verzieren. Zum Schluß eine Goldschnur-Schlaufe auf die Rückseite kleben.

WINTERPRACHT

Diese glitzernden Bäume funkeln mit ihren silbernen Sternen wie Rauhreif in der Morgensonne. Ihre Zweige sind verschwenderisch mit Milchglas, durchscheinendem Perlmutt, Unmengen von blitzenden Pailletten, schimmerndem Silberband und edlen Muscheln an leuchtenden Perlenschnüren geschmückt. Ein märchenhafter Weihnachtstraum.

SO WEISS WIE SCHNEE
Beginnen Sie an der Spitze des Baumes und legen Sie Lichterketten und schimmerndes Silberband über die Zweige. Verteilen Sie dann große glitzernde Kugeln, üppige Herzen und kleinere verspiegelte oder mattierte Glaskugeln großzügig über den Baum.

SYMPHONIE IN SILBER

Besprühen Sie einen Reisigbaum mit Silberspray und setzen Sie mit glänzendem Silberschmuck und cremefarbenen Pailletten-kugeln Akzente. Behängen Sie leere Zweige mit polierten Muscheln, schimmernden Glaskugeln und eiszapfenförmigen Kronleuchterperlen.

Schmuck-Stücke

Beginnen Sie rechtzeitig, silberne und cremefarbene Pailletten, alte Ketten aus Glasperlen, verspielte Borten, glänzende Silberbänder und polierte Muscheln zu sammeln. Kombinieren Sie diese schillernde Dekoration mit eleganten Glasgehängen und schenken Sie sich einen Traum aus strahlendem Weiß und funkelndem Silber.

Paillettenkugel **Sie brauchen**

Baumwollkugel, 20 cm Umfang

◆ WERKZEUG ◆

Stopfnadel

Klebstoff

20 cm Zierband

200 Perlmuttpailletten

50 Silberpailletten

250 Stecknadeln

10 cm Silberschnur

Ziermuschel **Sie brauchen**

7 cm hohe Muschel

20 cm Perlenschnur

2 kleine Perlen

10 cm Silberschnur

◆ WERKZEUG ◆

Klebstoff

Paillettenkugel (siehe S. 26)

Die Kugel hängt an einer Perlenschnur

SCHILLERNDE PAILLETTENKUGEL
Stecken Sie viele kleine Pailletten auf eine große Baumwollkugel und stecken Sie einige kleine Perlen als Blickfang darüber.

Diese Kronleuchterperle hängt an einer verzierten Muschel

Die Spiegelfacetten bringen schöne Lichtreflexe

Randverstärktes Organzaband

KUGEL MIT SCHLEIFE
Binden Sie ein silbernes Band über einer kleinen, schimmernden, mit Glitzerpünktchen geschmückten Kugel zur Schleife.

Abalonemuschel mit natürlichen Löchern

Um die polierte Muschel ist eine Perlenschnur gewunden (siehe S. 27)

EISTROPFEN
Kombinieren Sie eine mattierte, gemusterte Glaskugel an einer Silberborte mit einem eleganten Glasgehänge zu einem reizvollen Kontrast.

SCHIMMERNDE MUSCHELN
Stark polierte Muscheln, bei denen das Perlmutt durchschimmert, findet man oft in Kunsthandwerksbetrieben.

Silberne Paillettenkugel (siehe S. 26)

So entstehen Paillettenkugeln

Bleiben Sie bei einem Farbton oder experimentieren Sie mit mehreren kräftigen Farben. Zusätzliche Effekte bringen edle, um die Kugel gewickelte Perlenketten. ACHTUNG: Die Stecknadeln können für Kleinkinder und Haustiere gefährlich werden.

1 Zierband horizontal um die Mitte der Baumwollkugel kleben. Das Band muß ganz gerade verlaufen.

2 Vom Band ausgehend nach oben arbeiten. Perlmuttpailletten einzeln mit einer Stecknadel befestigen und so zwei gerade, leicht überlappende Reihen stecken.

3 Nach zwei Perlmuttreihen auf dieselbe Weise eine Reihe Silberpailletten hinzufügen.

4 Bis oben mit perlmuttfarbenen Reihen fortfahren, aber das Loch zum Aufhängen nicht schließen. Danach die Schritte 2 bis 4 auf der unteren Kugelhälfte wiederholen.

5 Das Loch zum Aufhängen mit einer Stopfnadel vergrößern, etwas Klebstoff hineindrücken und die Enden einer aus Silberschnur geformten Schlaufe hineinstecken.

Perlen und Pailletten

Perlenkugel mit Besatz
Eine Baumwollkugel vollständig mit Perlmuttpailletten bedecken, danach noch einige Zierperlen auf die Kugel stecken. An einer Perlenkette aufhängen.

Silberpaillettenkugel
Vier Perlenketten über Kreuz auf einer Baumwollkugel feststecken und die entstehenden Viertelsegmente mit Silberpailletten ausfüllen.

Silberpaillettenkugel

Perlenkugel mit Besatz

So entstehen Ziermuscheln

Nehmen Sie eine stark polierte Muschel, bei der das Perlmutt durchschimmert. Spiralförmige Muscheln und Perlenketten eignen sich besonders gut, es können aber auch andere Muscheln und Schnüre verwendet werden.

1 Ein Ende der Perlenkette an den Ansatz der Muschelöffnung kleben. Trocknen lassen.

Der Ansatz von Silberschnur und Perlenkette verschwindet unter einer kleinen Perle

2 Die Schnur um die Muschel herum spiralförmig legen und ankleben. An der Muschelspitze abschneiden.

3 Mit starkem Klebstoff eine kleine Perle an die Unterseite der Muschelspitze kleben, so daß das Ende der Schnur verborgen ist.

4 Silberschnur zur Schlaufe biegen und in der Muschel festkleben. Den Klebepunkt unter einer kleinen Perle verbergen.

Muschelschmuck

Napfmuschel
Nach derselben Methode eine Napfmuschel verzieren und an einer Perlenkette aufhängen.

Transparente Scheibe
Winzige Silbersterne auf eine mit Messing gefaßte Perlmuttscheibe kleben. Scheiben an einer Silberschnur mit Perlen und Silberspiralen aufhängen.

Abalonemuschel
Schnur durch die Löcher einer Abalonemuschel fädeln und einen Anhänger aus Glas befestigen.

Perlmuttscheibe
Kleine Perlkugeln auf eine Perlmuttscheibe kleben und diese an einer Silberschnur aufhängen.

Napfmuschel

Perlmuttscheibe mit vorgebohrten Löchern

Transparente Scheibe

Abalonemuschel

Perlmuttscheibe

Ländliche Schönheit

Bedienen Sie sich am reichen Gabentisch der Natur. Schmücken Sie Ihren Baum mit duftenden Blütenblättern, Gewürzen, Früchten und Rosenknospen und tauchen Sie alles in warmes Kerzenlicht. Oder gestalten Sie den ländlichen Baum einmal ganz anders und bauen Sie in den dichten Blättern einer Stechpalme einem goldenen Vogel ein buntes Bastnest.

GEFLÜGELTER WEIHNACHTSBOTE
Setzen Sie einen goldenen Glücksboten in ein Nest aus rotem Bast, das sich in das Blätterwerk einer Stechpalme schmiegt. Die goldenen Birnen unterstreichen den Eindruck natürlicher Harmonie.

WEIHNACHTLICHE DÜFTE

Der Duft aromatischer Gewürze sorgt für behagliche Weihnachtsstimmung. Bekleben Sie Baumwollkugeln mit Sternanis oder kleinen Chilischoten und schmücken Sie Ihren Baum mit getrockneten Orangen, Rosenblättern und Oreganosträußchen. Zum satten Grün der Nordmannstanne passen grüne Wachskerzen und ein Topf aus geflochtenem Schilfrohr.

Kleine Holztiere werden leicht mit Kreide eingerieben

Grüne Wachskerzen zieren den Baum

Getrocknete Orangenkugel (siehe S. 31)

Garnkugeln verstärken den Natureffekt

Blumenkugel (siehe S. 30)

SO ENTSTEHEN BLUMENKUGELN

Rosen sind für diese Dekoration ideal, da die Blütenblätter weich und glatt sind und sie ihre Farbe auch getrocknet behalten. Blätter vorsichtig ablösen und mit der schöneren Seite nach außen aufkleben.

Sie brauchen

10 getrocknete Rosen pro Kugel

Baumwollkugel, 20 cm Umfang

mittelstarken Draht

◆ WERKZEUG ◆

Stopfnadel

Klebstoff

1 Blütenblätter vorsichtig ablösen, ohne sie einzureißen. Beschädigte Blätter können nicht verwendet werden.

2 Unten beginnen und die Blätter einzeln und leicht überlappend ringförmig auf die Kugel kleben.

3 Bis zur Spitze fortlaufend gleichmäßige Blütenringe um die Kugel kleben.

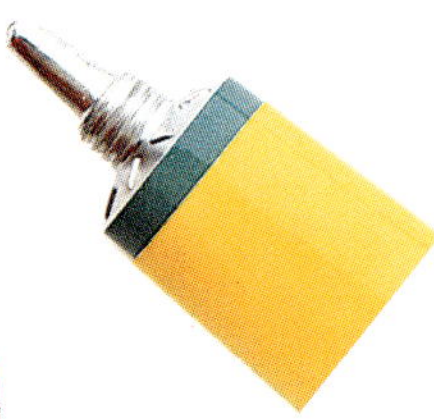

4 Wenn die Kugel vollständig mit Blütenblättern bedeckt ist, die obere Öffnung mit der Stopfnadel vergrößern. Klebstoff einfüllen, Draht hineinstecken und zum Aufhängen zu einem Haken biegen.

Gewürzkugeln

Nach derselben Methode können Sie auch Kugeln mit kleinen getrockneten Chilischoten, Bohnen oder angenehm duftendem, getrocknetem Sternanis anfertigen. ACHTUNG: Hände nach der Arbeit mit getrockneten Chilischoten unbedingt gründlich waschen!

Getrocknete Chilischoten

Getrockneter Sternanis

Bohnen

So entstehen Zitruskugeln

Die dicke Schale der Orange ist ideal zum Üben, bevor Sie sich an Zitrusfrüchte mit dünnerer Schale wagen. Sie benötigen frische, ungewachste Früchte, die nach dem Schnitzen an einem warmen, trockenen Ort zwei Wochen trocknen müssen.

Sie brauchen

eine frische, ungewachste Zitrusfrucht

dicken Draht

◆ WERKZEUG ◆

Schnitzmesser
Stopfnadel
Klebstoff

1 Mit dem Schnitzmesser eine Spirale aus der Schale einer festen, ungewachsten Orange schneiden.

2 Spirale langsam bis zur Unterseite der Orange ziehen. Wenn die Schale bricht, dann an diesem Punkt neu ansetzen. In weitere Früchte andere Muster schnitzen, so daß ein ganzes Set entsteht.

fertig zum Trocknen

getrocknet

3 Die Früchte an einem warmen Ort etwa zwei Wochen trocknen lassen. Feuchtigkeit verdirbt sie.

4 Mit einer Nadel ein Loch in die Spitze der Orange stechen, Draht in das Loch kleben und zu einem Haken biegen.

GLANZEFFEKTE

Leuchtendes Fuchsia bildet einen starken Kontrast zum kräftigen Grün einer dichten Kiefer. Das mattglänzende Gold des Metallbaumes kommt dank der unterschiedlichen Blautöne noch intensiver zur Geltung. Selbstgemachte Textildekorationen werden durch schillernde Glaskugeln ergänzt. Lichterketten und Wachskerzen setzen zusätzliche Akzente. Diese stilvollen Bäume verlangen ein Fest voller Glanz und Glamour.

MODERNES STYLING
Glänzendes Metall, schillernde Glas- und Satinkugeln sowie dicke Wachskerzen bilden eine faszinierende Mischung aus zurückhaltender Eleganz und atemberaubender Pracht. Achten Sie beim Schmücken des Baumes auf harmonische Symmetrie und steigern Sie die Farbintensität der Dekoration von unten nach oben.

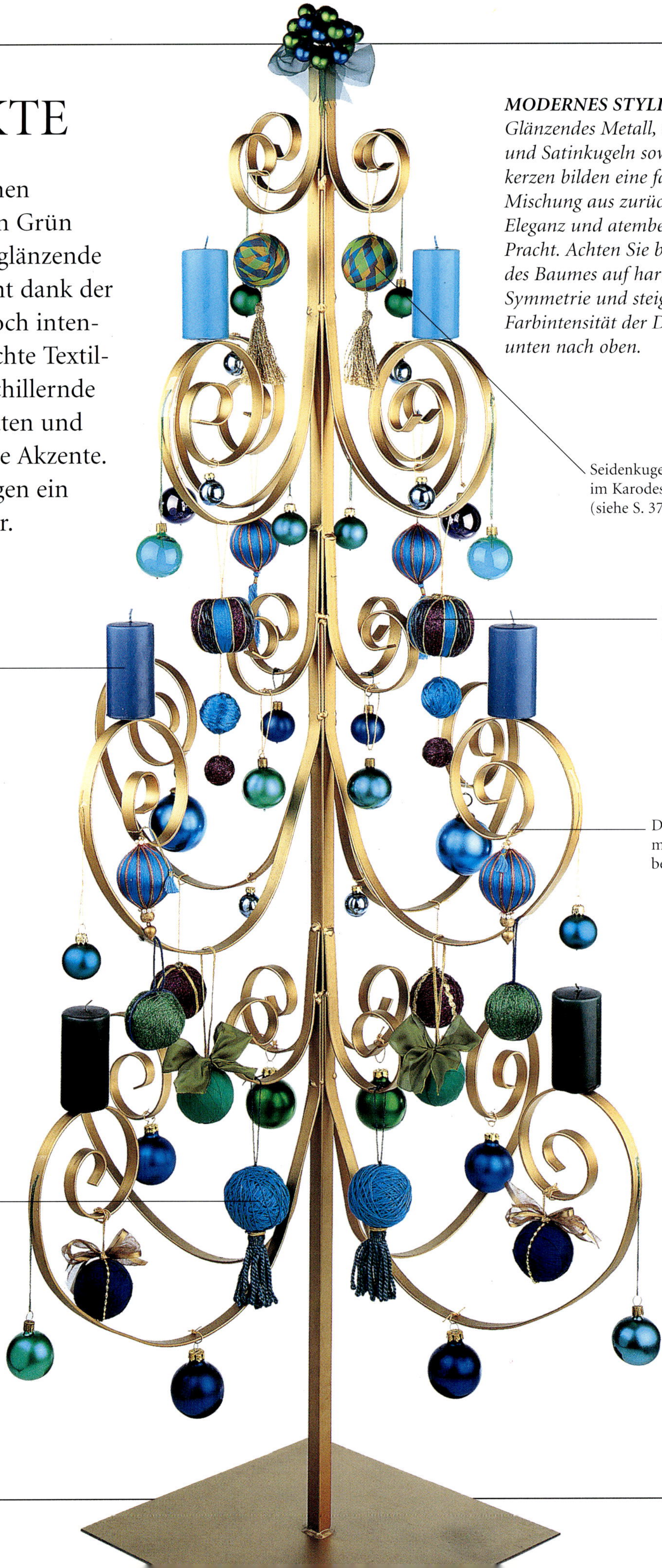

Seidenkugel im Karodesign (siehe S. 37)

Dreistufiger Behang (siehe S. 36)

Die dicken Wachskerzen in Blau- und Grüntönen stehen in reizvollem Kontrast zu den runden Kugeln

Die Schnur wird mit Klebestreifen befestigt

Garnkugel mit Quaste in kräftigem Türkis

TRAUM IN VIOLETT UND GOLD

Dekorieren Sie eine Kiefer verschwenderisch mit glitzernden bunten Glaskugeln, Beutelchen aus Rohseide, winzigen, in Folie gewickelten Knallbonbons und kleinen Geschenkpäckchen. Verteilen Sie goldene Girlanden und bunte Lichterketten über den ganzen Baum und krönen Sie das Ganze mit einem extravaganten Stern.

STOFFKUGELN

Umwickeln Sie leichte Baumwollkugeln mit schimmernden Stoffen in leuchtenden Farben und kombinieren Sie diese edlen, unvergleichlichen Stücke mit glänzenden Glaskugeln. Setzen Sie Kontraste mit Schleifen aus schillernden Bändern und hängen Sie Ihre opulenten Kreationen an bunten Flitterbändern, glitzernden Borten und Seidengarn auf.

GLITZERNDE GOLDKUGEL
Verleihen Sie einer gekauften Goldkugel mit einer zarten Voileschleife in Gold und Türkis eine romantische Note.

Goldene, pompöse Quaste

SEIDENKUGEL IM KARODESIGN
Schmale karierte Seidenstreifen und eine übergroße Goldquaste bringen Schwung und setzen starke Akzente.

DREISTUFIGER BEHANG **Sie brauchen**

Baumwollkugel, 20 cm Umfang

dreimal 8 m verschiedenfarbiges Baumwollgarn

Baumwollkugel, 10 cm Umfang

5 m Baumwollgarn

Baumwollkugel, 8 cm Umfang

50 cm dicke Goldkordel

3 m dünne gezwirnte Goldkordel

5 m Baumwollgarn

• WERKZEUG •

Pinzette
Stopfnadel
Textilkleber

KARIERTE SEIDENKUGEL **Sie brauchen**

Seide, 50 x 50 cm

50 cm Goldkordel

Goldquaste (gekauft)

verzierte Reißzwecke

Baumwollkugel, 20 cm Umfang

• WERKZEUG •

Stecknadeln
Schneiderschere
Bügeleisen
Textilkleber

GLASKUGELN
Metallisch schimmerndes Glas wird mit Stoffdekorationen kombiniert.

JADE-KUGEL
Grünliche Seidenkugel mit eleganter grüner Voileschleife.

Schimmernde Goldschnur verbindet die Kugeln

DREISTUFIGER BEHANG
Drei Kugeln mit türkisem, violettem und buntem Seidengarn umwickeln und die einzelnen Farbsegmente mit Goldkordel abgrenzen. So schaffen Sie klare Eleganz.

VIOLETTE KUGEL
Kugel mit Garn in sattem Violett umwickeln und die Wirkung mit Goldborte und einer randverstärkten Schleife unterstreichen.

KUGEL IN GRÜN UND VIOLETT
Smaragdfarbenes und violettes Baumwollgarn durch eine Baumwollkugel ziehen, und die Farben mit gezackter Goldborte trennen. Mit einer verzierten Reißzwecke blaues Band befestigen.

Dreistufiger Behang

Machen Sie zuerst ein Loch in die große Baumwollkugel (siehe Kasten). Teilen Sie die dreimal 8 m Garn in je vier gleich lange Teile und ziehen Sie die Fäden durch das Loch. Bei den kleinen Kugeln wird das Garn herumgewickelt und festgeklebt.

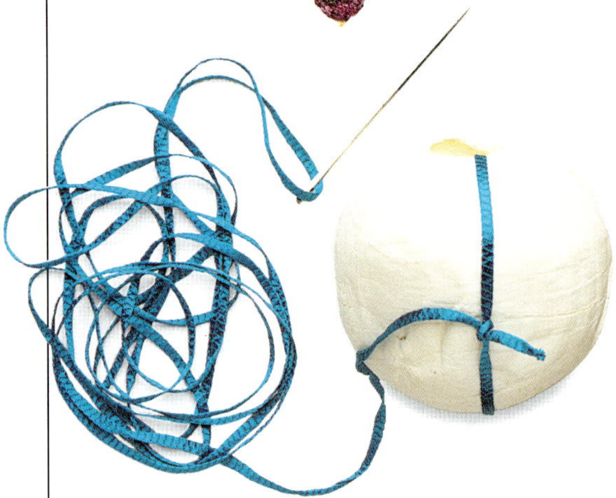

1 Eine Länge türkises Garn in eine Nadel fädeln, durch die Öffnung in der großen Kugel ziehen und verknoten.

2 Knoten in das Loch ziehen, um ihn zu verbergen. Garn wie abgebildet weiter durch das Loch fädeln, so daß ein Farbsegment entsteht. Garnende unter den Garnfäden durchziehen und fixieren.

3 Vorgang mit jeweils violettem und buntem Garn wiederholen, bis die Kugel vollständig bedeckt ist. Dann mit 2,75 m Goldkordel Farbsegmente akzentuieren und Schnurenden wie oben fixieren.

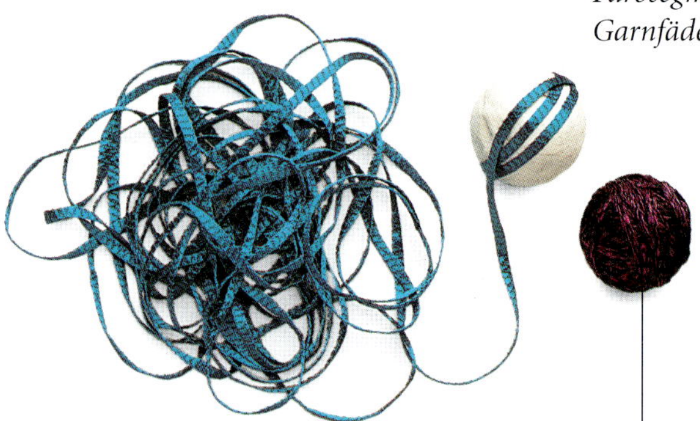

Garnende
mit Klebstoff
fixieren

4 Eine Länge Purpurgarn um die kleine und eine Länge türkises Garn um die mittelgroße Kugel wickeln.

5 Die kleineren Kugeln auf Goldkordel auffädeln und mit Knoten im Abstand von 2,5 cm voneinander trennen. Schnur in der unteren Öffnung der großen Kugel festkleben.

2,5 cm Abstand zwischen
den Kugeln lassen

Obere Öffnung
mit Klebstoff
bestreichen

6 Ein Stück Goldkordel (6 cm) rund um die obere Öffnung der großen Kugel kleben. Ein Ende der restlichen Kordel verknoten und in der Öffnung festkleben. Anderes Kordelende am Baum befestigen.

Vergrößern des Loches

Mit einer Pinzette vorsichtig die watteartige Füllung aus dem kleinen Loch in der Kugel entfernen, dabei das Loch langsam vergrößern. An der anderen Kugelseite ebenso verfahren, bis eine 2,5 cm breite Öffnung durch die ganze Kugel verläuft.

Seidenkugel im Karodesign

Schneiden Sie die Seide zuerst diagonal in dünne Streifen (siehe Kasten), die sich leicht um die Baumwollkugel wickeln lassen. Die Zahl der Streifen hängt davon ab, wie Sie diese um die Kugel wickeln.

Diagonalstreifen schneiden

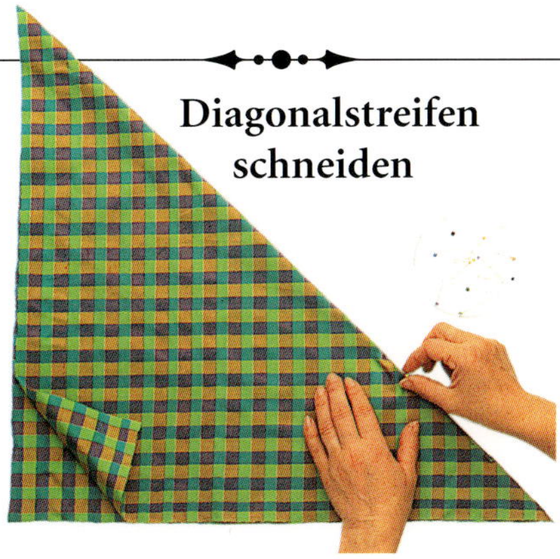

1 Quadratischen Seidenstoff diagonal falten. Entlang dieser gefalteten Kante Stecknadeln im Abstand von 1cm aufstecken.

2 Quadrat öffnen und entlang der Diagonale durchschneiden. Nadeln entfernen. Jede Stoffhälfte in 3,5 cm breite Diagonalstreifen schneiden.

3 Kanten auf der linken Seite des Stoffes feststecken. Vorsichtig bügeln, dabei Stecknadeln entfernen, so daß glatte Kanten entstehen.

1 *Den längsten Seidenstreifen leicht gefächert um die Kugel wickeln, dabei den Anfang des Streifens fixieren.*

2 *Den zweitlängsten Streifen kreuzen lassen. Kugel mit weiteren Streifen umwicklen, bis sie vollständig bedeckt ist.*

3 *Den letzten Streifen gemeinsam mit einer Schlaufe aus Goldkordel durch einen Reißnagel fixieren.*

4 *Stecknadel durch den Quastenkopf stechen, Nadelkopf mit Klebstoff in die Unterseite der Kugel stoßen.*

Süsse Versuchung

Ein Christbaum, der sich unter der Last von verführerischen eßbaren Dekorationen biegt, erfreut nicht nur das Auge, sondern auch den Gaumen. Genießen Sie die natürlichen Farben von Bäckereien und getrockneten Früchten, oder entzücken Sie Ihre Kinder mit einer verlockenden Dekoration aus bunten Süßigkeiten, Lutschern, Schokobonbons und Netzsäckchen mit golden funkelnden Schokolademünzen.

FÜR LECKERMÄULCHEN

Kinder werden diesen Weihnachtsbaum lieben. Binden Sie bunt verpackte Süßigkeiten mit einem Baumwollfaden zu einer langen Girlande zusammen und machen Sie aus Cellophanfolie kleine Säckchen mit köstlichem Inhalt. Hängen Sie Bonbons und Lutscher in glänzender Folie auf die Äste und hüllen Sie den ganzen Baum in das Licht einer roten Lichterkette.

BEEREN UND FRÜCHTE

Fädeln Sie getrocknete Früchte, kleine Marshmallows und Hagebutten auf Draht oder festem Bindfaden zu Girlanden, und füllen Sie winzige Weidenkörbchen mit duftenden Gewürznelken oder gehackten Nüssen. Lassen Sie Engel aus Lebkuchen oder Mürbteiggebäck um den Baum fliegen und backen Sie ein zusätzliches Blech unverzierter Engel zum Essen.

Essbarer Baumschmuck

Mit Gewürznelken gefülltes Weidenkörbchen

Hagebutten, Kumquats und duftende Gewürznelken bilden ebenso wie getrocknete Kirschen, Aprikosenscheiben und Marshmallows eine herrliche Weihnachtsgirlande. Hängen Sie Lebkuchenengel an goldenen Ringen mit Schleifchen auf und backen Sie gleich noch eine Extraportion Engel zum Essen (Angaben für zehn Engel).

Lebkuchenengel **Sie brauchen**

ACHTUNG
Engel mit aufgeklebtem Ring sollten nicht gegessen werden. Backen Sie eine Extraportion Engel zum Essen.

eine Portion Lebkuchenteig (siehe S. 181)

Goldfolie (eventuell)

Eiweiß (eventuell)

10 Vorhangringe

150 cm Goldfaden

1 m kariertes Baumwollband

◆ WERKZEUG ◆

dünnen Karton	Backrost
Stift	Schüssel (eventuell)
Schere	Eiweiß (eventuell)
Mehl zum Bemehlen	feinen Pinsel (eventuell)
Nudelholz	Löffel
Küchenmesser	Klebstoff
Backpapier	
Backblech	

Hagebuttengirlande **Sie brauchen**

5 Kumquats

50 Gewürznelken

70 Hagebutten pro Meter

eine Rolle mittelstarken Draht

◆ WERKZEUG ◆

Drahtschneider

DIE FARBEN DER NATUR
Die warmen Farben von getrockneten Früchten, Gewürznelken, Weidenkörbchen und Lebkuchen sorgen für einen natürlichen Effekt, und frische Kumquats setzen fröhliche Akzente.

Girlande aus Hagebutten und Marshmallows
Marshmallows werden abwechselnd mit getrockneten Kirschen und Aprikosenscheiben aufgefädelt
Fliegender Engel (Schablone auf S. 188)
Hagebutten und getrocknete Aprikosenscheiben
Hagebuttengirlande mit Kumquats (siehe S. 43)

So entstehen Lebkuchenengel

Für zehn Engel brauchen Sie eine Portion Lebkuchenteig (siehe Schritte 1 und 2 des Rezeptes für das Lebkuchenhaus auf S. 181). Wenn Sie keine Goldfolie verwenden wollen, ist Farb- oder Goldglasur vom Konditor ein guter Ersatz.

1 Engelschablone auf S. 188 auf dünnen Karton übertragen und ausschneiden. Lebkuchenteig anrühren und auf einer leicht bemehlten Oberfläche 6 mm dick ausrollen.

2 Kartonengel zehnmal auf den Teig legen und mit einem kleinen Küchenmesser ausschneiden.

3 Ein Backblech mit Backpapier auslegen und die Lebkuchenengel vorsichtig darauf verteilen. 8–10 Minuten bei 190 °C/Gas Stufe 5 backen, bis sie fest sind. Auskühlen lassen.

4 Bei Verwendung von Goldfolie ein Eiweiß leicht verrühren und mit feinem Pinsel auf die Flügel des Engels auftragen. Ansonsten Engel je nach Wunsch dekorieren.

Goldfolie wird durch Reiben mit einem Löffel aufgetragen

5 Von einem Blatt Goldfolie ein Stück in der Größe eines Flügels abschneiden und mit der Beschichtung auf den Flügel legen. Mit der Unterseite eines Löffels über die Folie reiben, um das Gold auf den Flügel zu übertragen.

6 Vorgang mit dem anderen Flügel wiederholen. Abschließend einen goldenen Vorhangring hinter den Kopf des Engels kleben. Eine kleine karierte Schleife um den Ring binden und den Engel an einem langen Goldfaden aufhängen.

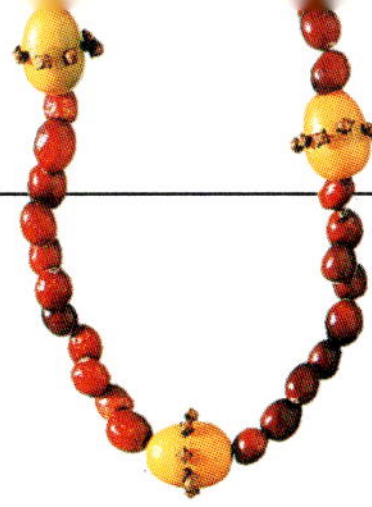

Hagebutten-Girlande

Aus Hagebutten und Kumquats lassen sich entzückende Girlanden machen. Steht Ihnen der Sinn nach eßbarem Schmuck, dann verwenden Sie kleine Marshmallows, getrocknete Früchtescheiben, Kirschen oder Feigen.

1 Mit den Gewürznelken einen Ring horizontal um die Mitte jeder Kumquat stecken.

2 Die Hagebutten auf Draht auffädeln und nach neun bis zehn Stück eine Kumquat dazwischensetzen.

3 Vorgang fortsetzen, bis die Girlande die gewünschte Länge erreicht hat. Abschließend die Drahtenden zu großen Schlaufen biegen, um ein Abrutschen der Früchte zu verhindern.

Fröhliches Treiben

Ausgelassene, knallige Farben bringen Wärme und Sonnenschein ins weihnachtliche Haus. Strahlende Sonnen, poppige Blechfiguren, glänzende Kugeln und bunte Papiergirlanden verbergen fast die Äste einer norwegischen Fichte, und die leuchtenden Farben kleiner Zitrusfrüchte blitzen zwischen den glänzenden Blättern eines Lorbeerbaumes hervor.

SOMMERLICHE SÜDFRÜCHTE
Befestigen Sie kleine zitronengelbe Schleifen auf Kumquats und Limetten und verteilen Sie diese gleichmäßig zwischen den dichten Blättern eines Lorbeerbaumes. Wickeln Sie ein auf die Farbe der Schleifen abgestimmtes Stoffband spiralförmig um den Stamm.

Die Schleife (siehe S. 105) ist mit Draht an der Limette und auf dem Ast befestigt

Ein breites gelbes Band windet sich um den Stamm

AUSGELASSENES FEST
Schmücken Sie eine norwegische Fichte mit Papier-, Blech- und Glasdekorationen in den knalligsten Farben. Schließen Sie Lücken mit poppigen Kugeln, schlingen Sie eine Girlande aus bunten Papierröllchen durch die Zweige und krönen Sie diese Farborgie mit einer bunten Lichterkette.

So entstehen die Blechfische

Suchen Sie sich aus dem Telefonbuch Läden, die Weißbleich in kleinen Mengen verkaufen und nehmen Sie ein dünnes Blech, das sich leicht schneiden läßt. Um beim Stanzen der Löcher den Tisch nicht zu beschädigen, sollten Sie bei der Arbeit ein Stück dicken, weichen Karton unterlegen.

Sie brauchen

Weißblech, 16 x 6 cm

metalltaugliche Leuchtstifte

15 cm Schnur

◆ WERKZEUG ◆

spitzen Stift
Karton
Schneidfeder oder Bastelmesser
Schneideunterlage
alte Schere
dicken Karton
Nagel
Hammer
Lochzange

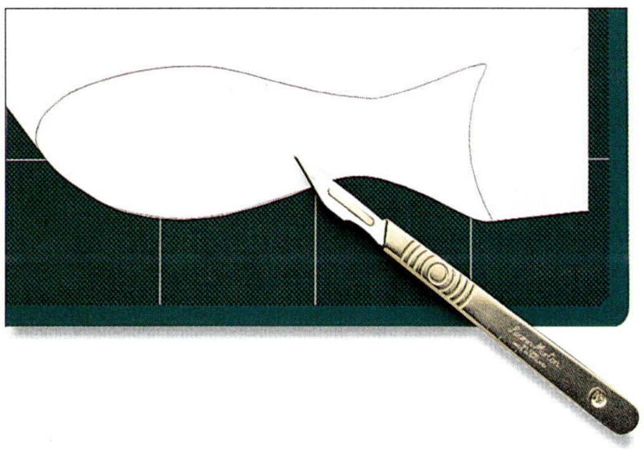

1 *Fisch-Schablone von S. 186 auf Karton übertragen und vorsichtig mit einem scharfen Messer ausschneiden.*

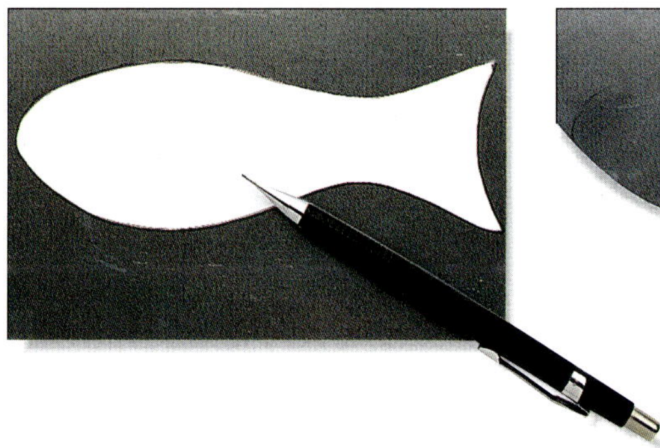

2 *Karton-Schablone auf das Blech legen und die Konturen mit spitzem Bleistift nachziehen.*

3 *Fisch mit einer alten, stumpfen Schere entlang der vorgezeichneten Linie ausschneiden, dabei darauf achten, daß keine scharfen Kanten entstehen.*

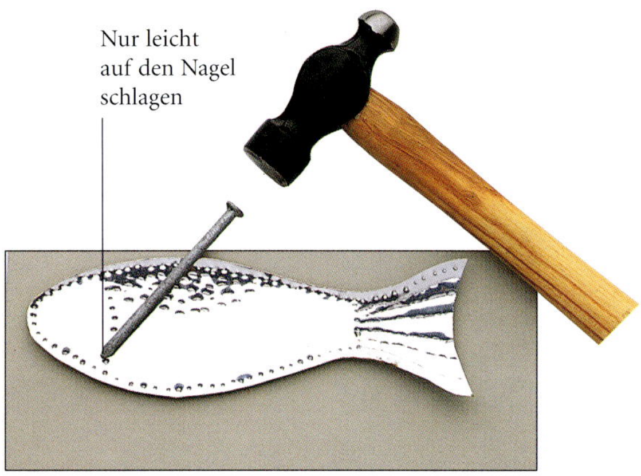

4 *Blechfisch auf dicken Karton legen und mit Nagel und Hammer ein Muster in die glänzende Seite des Bleches klopfen.*

5 *Die glänzende Seite des Fisches mit Leuchtstift bemalen. Mit einer Lochzange ein Loch in ein Ende des Fisches stoßen und die Schnur zum Aufhängen durchziehen.*

So entstehen Papiergirlanden

Sammeln Sie schon vor Weihnachten bunte Papierreste. Sie können so gut wie jedes Papier verwenden – Hauptsache, es ist bunt. Dickeres Papier ergibt eher feste, steife Rollen, während Röllchen aus dünnem Papier leicht und zierlich sind.

Sie brauchen

Buntes Papier in verschiedenen Farben (45 x 35 cm)

1,8 m bunte Kordel

◆ WERKZEUG ◆

Weißleim

Pinsel

3 dünne Holzstangen, 50 cm lang

Bastelmesser

1 Weißleim auf die Rückseite eines Papierblattes streichen, dabei an einem Rand des Papiers einen circa 7,5 cm breiten Rand lassen.

2 Holzstange auf die Kante des nicht mit Leim bestrichenen Randes legen und Papier straff aufrollen. Nach dem Aufrollen die Holzstange während des Trocknens in der Rolle belassen, um ein Verziehen des Papiers zu vermeiden. Mit dem restlichen Papier genauso verfahren.

3 Nach dem Trocknen Papierrollen mit dem Bastelmesser in 2,5 cm lange Röllchen schneiden. Die Holzstange dabei noch in der Rolle belassen, damit die Röllchen beim Schneiden nicht zerdrückt werden.

4 Ein Stück Kordel in der gewünschten Länge abschneiden und die Papierröllchen auffädeln. Schnur an beiden Enden um das letzte Röllchen binden, um die Girlande zu fixieren.

Kränze, Girlanden & Blumen

Glänzendes Immergrün und bunte Beeren symbolisieren seit Urzeiten die Hoffnung auf neues Leben in der eisigen Kälte des Winters. Kombinieren Sie diese Vorboten des Frühlings mit frischen oder getrockneten Blumen, Früchten und Nüssen zu festlichen Kränzen, Girlanden und Türgestecken, die weihnachtliche Stimmung in Ihr Heim zaubern.

Weihnachtskränze

Gedeckte, neutrale Farben mit einem Hauch von Gold und Bronze wirken in Weihnachtskränzen erfrischend originell. Spielen Sie mit Strukturen, setzen Sie die natürliche Rauhheit von Islandmoos und Rinde in reizvollen Kontrast zu üppigen Satinschleifen und hauchzarten Bändern. Den krönenden Abschluß bilden fruchtig glänzende Beerensträußchen.

RUSTIKALE RINDE
Ein Band um einen fertigen Rindenkranz winden und oben zur Schleife binden. Getrocknete gelbe Rosenknospen unter die Schleife stecken und goldene Holzherzen am Band befestigen.

GETROCKNETE BEEREN
Frische Feuerdornbeeren in Sträußchen mit Draht an einem festen Drahtrahmen befestigen und trocknen lassen. Eine zarte Stoffschleife sorgt für die festliche Note.

EDLE BLÄSSE
Einen vorgefertigten Kranz aus Islandmoos mit einem Bündchen künstlicher Goldbeeren und zwei Voileschleifen in passenden Farbtönen schmücken.

BAUERNKRANZ
Ein Sträußchen Feuerdornbeeren und eine Rosette aus zartem Band auf einen gewundenen Gerstenkranz kleben.

KUPFEREFEU
Lange Efeuranken um ein Drahtquadrat winden und mit Kupferfarbe besprühen. Eine flache Schleife aus bronzefarbenem Satin aufkleben.

CHILIKRANZ
Getrocknete Chilischoten auf Draht fädeln und diesen in die gewünschte Form biegen. Aus Bändern und Schleifen Rosetten formen und auf den Kranz kleben.

Getrocknete Chilischoten, aufgefädelt im Oval

Ein Bund Zimtstangen

NÜSSE UND SAMENHÜLSEN
Ganze Nüsse, Hülsenfrüchte, Samenkerne und Gewürze je nach Wunsch auf einen fertigen Rahmen kleben und mit Goldfarbe Akzente setzen. Mit einer seitlich angebrachten randverstärkten Taftschleife abschließen.

Grüner Festkranz

Ein extravaganter Kranz an der Eingangstür stimmt auch den Gast weihnachtlich. Dieser ausgefallene Kranz ist eine Zierde für jede Tür. Gestalten Sie einen nicht alltäglichen Kranz in Rautenform, der mit seiner Kombination aus frischen und getrockneten Blättern, Blumen und Früchten sowie blau und grün schimmernden Christbaumkugeln die Blicke auf sich zieht. Zwei üppige grün-goldene Schleifen mit goldglänzenden Kugeln verleihen diesem Kunstwerk zusätzliche Eleganz.

Sie brauchen

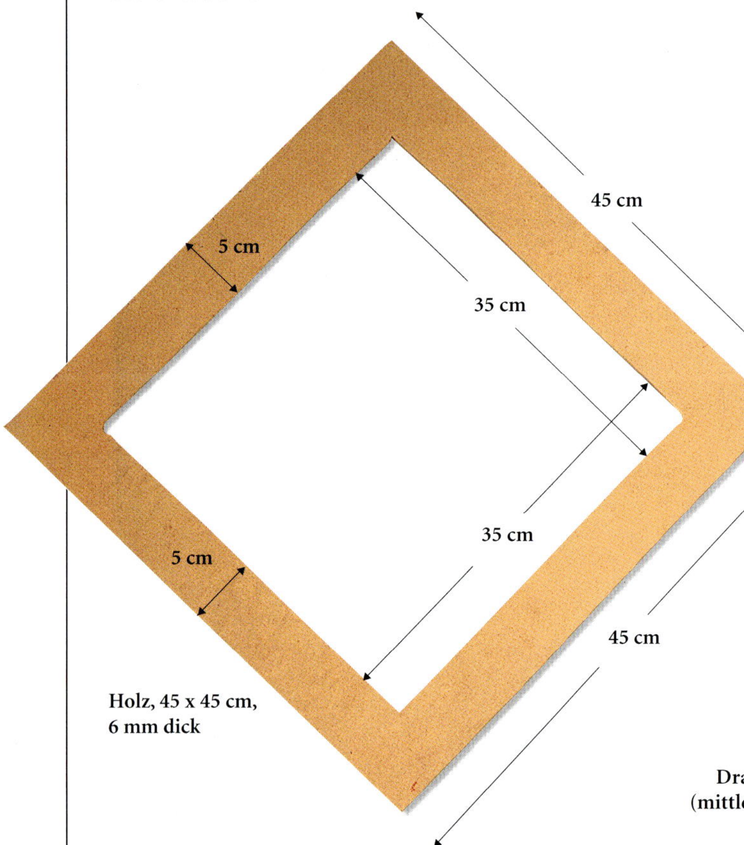

Holz, 45 x 45 cm, 6 mm dick

8 Steckschwämme, 22,5 x 5,5 x 4 cm

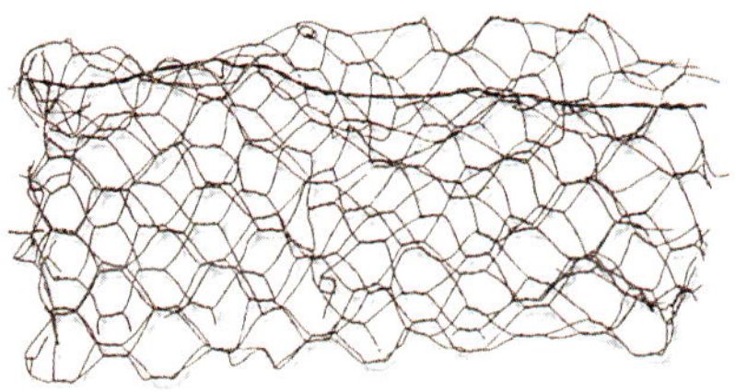

4 Stück feinen Maschendraht: 2 Stück à 45 x 20 cm, 2 Stück à 35 x 20 cm

Drahtrolle (mittlere Stärke)

10 frische Eukalyptusstengel

3 getrocknete Eichenblattbündchen

10 getrocknete Hortensienblüten

2 mittelgroße bronzefarbene Kugeln

9 mittelgroße türkise Kugeln

5 goldfarbene Eicheln

13 kleine Glitzerkugeln

2 kleine Zweige künstlicher Beeren

12 kleine mattierte Kugeln

18 frische Kumquats

1 m grünes randverstärktes Band, 10 cm breit

75 cm grünes randverstärktes Band, 4 cm breit

2 goldene Kugeln

◆ WERKZEUG ◆

- Säge
- Küchenmesser
- starken Klebstoff
- Handschuhe
- Drahtschneider
- Schere
- 60 mittelstarke Drahtstücke
- Nadel und Faden

Frische Kumquats setzen sonnige Akzente
Kleine Hortensienblüten füllen die Lücken

SO ENTSTEHT DER GRÜNE FESTKRANZ

Hortensienblüten, Eukalyptus und Eichenblätter in kleinere Zweige teilen und die Stiele sehr kurz abschneiden. Drahtstücke in die Kumquats und durch die Ösen der Christbaumkugeln stecken, damit Sie alle Teile gut im Schwamm befestigen können.

1 Aus dem Holz ein Quadrat mit 35 cm Seitenlänge ausschneiden, so daß ein 5 cm breiter Rahmen entsteht. Schwammblöcke auf den Holzrahmen legen, entlang des Rahmens zuschneiden und festkleben.

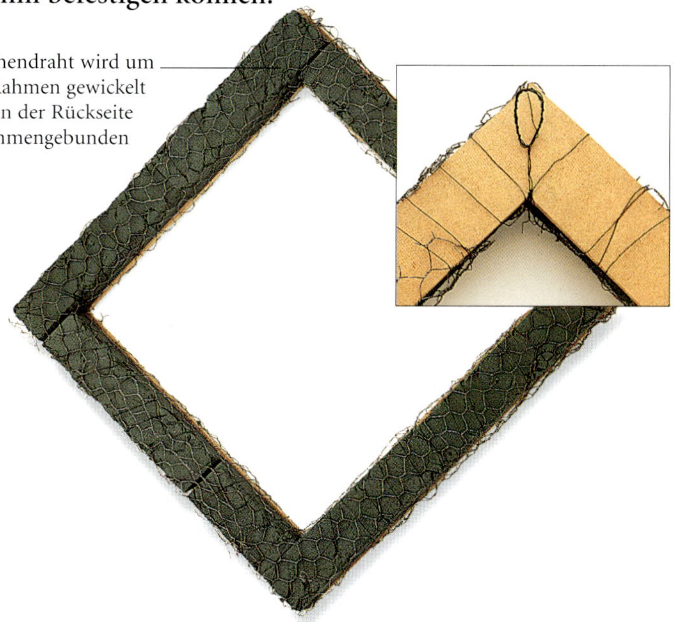

2 Hände mit Handschuhen schützen. Maschendraht um den Rahmen schlagen und zum Fixieren mit Draht umwickeln. Aus Draht eine Schlaufe zum Aufhängen formen und rückseitig an der Spitze des Rahmens befestigen.

3 Eukalyptus- und Eichenblattzweige in den Schwamm stecken, so daß auch die Seiten des Rahmens bedeckt sind.

4 Lücken mit kleinen Hortensienblüten füllen, Blätter wie zufällig in verschiedene Richtungen zupfen.

Die gleichmäßig verteilten Kugeln sorgen für Ausgeglichenheit

5 Kugeln, Eicheln und künstliche Beeren in den Kranz stecken und mit Drahtstücken befestigen.

Kleine mattierte Dekorteile erinnern an glasierte Früchte

6 Kumquats ebenfalls mit Drahtstücken befestigen. Abschließend eine kleine Schleife (siehe S. 105) auf eine größere kleben und beide mit Draht an der Kranzspitze befestigen. An jedes Ende der großen Schleife eine Christbaumkugel nähen. Kranz am rückseitigen Drahthaken aufhängen.

TÜRGESTECKE

Ein Türgesteck ist eine geschmackvolle Alternative zum Weihnachtskranz. Für die Eingangstür empfiehlt sich eine robustere immergrüne Variante, die auch schlechtes Wetter unbeschadet übersteht. Im Haus entfalten zartere Kreationen aus Trockenblumen, wohlriechenden Gewürzen und hübschen Bändern ihren Charme.

BUCHENZWEIGE
Buchenzweige mit Draht zusammenbinden und Draht unter einer Schleife aus rotem Bast verbergen. Kleine Limetten und Bastschleifchen mit Draht an den Zweigen befestigen und abschließend eine Christbaumfigur aus Stoff hinzufügen.

GRÜNES TÜRGEHÄNGE
Von unten beginnend Blaufichtenzweige mit Draht an einer Holzstange befestigen, so daß jede Schicht von der darüberliegenden leicht überlappt wird. Mit roten Glastrauben und zwei Taftschleifen schmücken (siehe S. 105).

BLUMENSTRAUSS
Die Blätter von einem Strauß Hahnenkamm entfernen und die Blumen in eine mit feuchtem Moos ausgelegte Tüte aus Maschendraht stecken. Die Tüte zusammenpressen, damit die Blumen gut sitzen. Die Hahnenkammblätter außen überlappend feststecken. Mit Goldborte verzieren und an einer Schleife aus buntem Band aufhängen.

Die Hahnenkammblätter werden mit feinem Draht festgesteckt

Die Hahnenkammblätter werden an der Oberkante der Tüte umgefaltet

**STECHPALMEN-
UND EFEUBÜSCHEL**
Blaufichten-, Stechpalmen- und Efeuzweige zu einem flachen Büschel zusammenfassen und mit Draht zusammenbinden. Draht unter grünem Taftband verbergen. Mit Hagebuttenringen dekorieren.

Minikränze aus Hagebutten

TROCKENES GESTECK
Die Vorderseite eines fertigen Türgestecks aus Zweigen und grüner Fichte mit Zimtstangen, getrockneten Hortensien, einer gold besprühten Artischocke und künstlichen Äpfeln schmücken. Alle Teile mit Draht oder Klebstoff befestigen und mit einer glänzenden Doppelschleife (siehe S. 105) dekorieren.

GIRLANDEN

Holen Sie sich die Früchte des Gartens ins Haus und verzieren Sie mit ihnen eine üppige Weihnachtsgirlande für Ihr Wohnzimmer. Gestalten Sie eine Girlande mit tropfenförmigen Anhängern für den Eingang oder ein Fenster, schmücken Sie mit ihr die Weihnachtstafel oder setzen Sie sie extravagant um das Treppengeländer geschlungen in Szene.

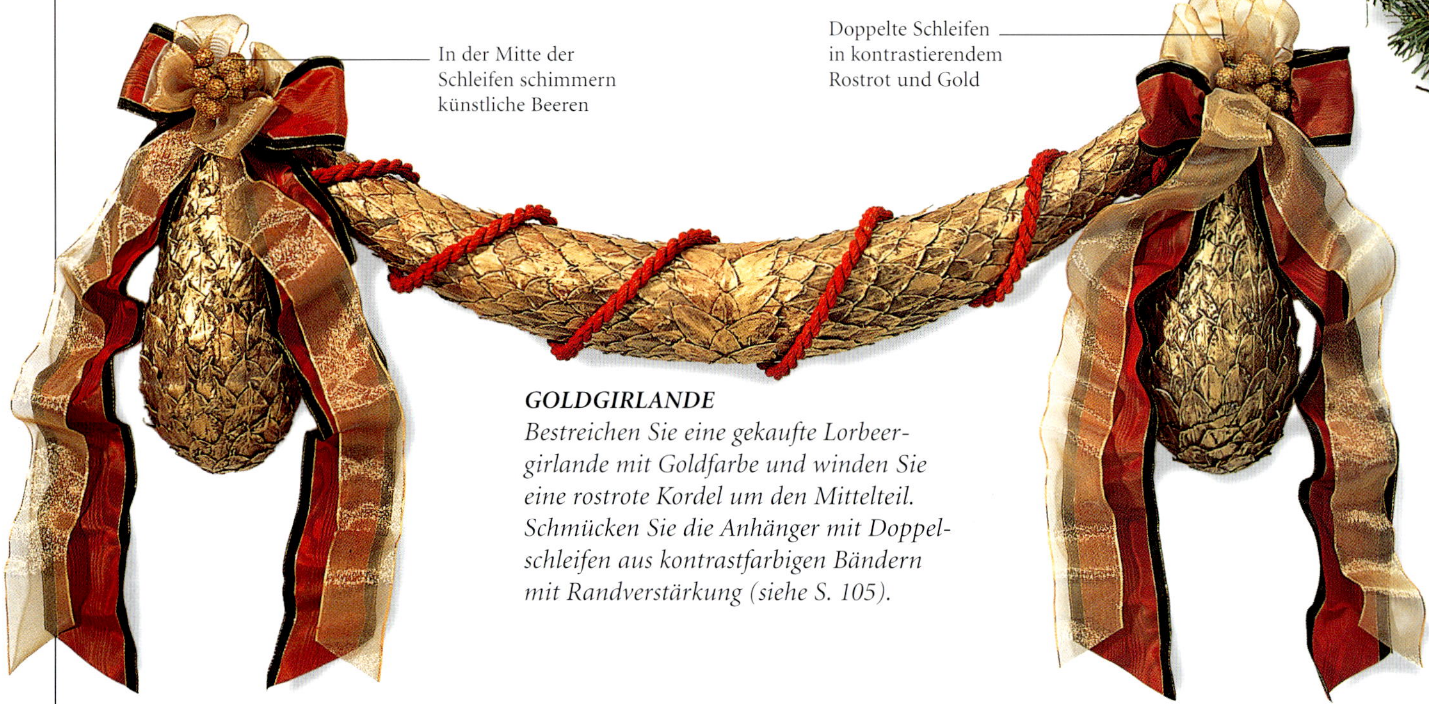

In der Mitte der Schleifen schimmern künstliche Beeren

Doppelte Schleifen in kontrastierendem Rostrot und Gold

GOLDGIRLANDE
Bestreichen Sie eine gekaufte Lorbeergirlande mit Goldfarbe und winden Sie eine rostrote Kordel um den Mittelteil. Schmücken Sie die Anhänger mit Doppelschleifen aus kontrastfarbigen Bändern mit Randverstärkung (siehe S. 105).

Pekannüsse mit Draht an der Girlande befestigen

FESTLICHE TANNENGIRLANDE
Eine künstliche Tannengirlande mit goldbesprühten getrockneten Früchten, Nüssen und Samenhülsen, Äpfeln aus Baumrinde, künstlichen Tannenzapfen, Nüssen und Beeren schmücken. Abschließend einige Schleifen aus randverstärktem Band (siehe S. 105) zwischen die Zweige setzen.

GIRLANDE MIT AROMA
Blaufichtenzweige mit Draht um ein dickes Seil winden, das sich leicht um die Möbel legen läßt. Girlande mit Pekannüssen, Tannenzapfen, getrockneten Chilischoten und Orangenscheiben sowie mit Holzzweigen und Zimtstangen schmücken.

FRUCHTGIRLANDE

Schmücken Sie eine üppige Girlande mit grünen Blättern, roten Äpfeln, getrockneten Zitrusfrüchten mit Schnitzmuster (siehe S. 31), getrockneten Granatäpfeln und Pekannüssen. Unterstreichen Sie den Anlaß mit Bändern in Goldgrün und Burgunderrot.

Sie brauchen

Reisiggirlande

Anhänger

Maschendraht, 150 x 20 cm

ein Säckchen frisches Moos

Drahtrolle

8 Bambusstäbe

20 kleine Schneeballzweige

15 kleine Eibenzweige

80 beerentragende Efeustengel

30 Efeuranken

15 buntblättrige Stechpalmenzweige

45 Salbeizweige

◆ WERKZEUG ◆

Handschuhe

Drahtschneider

4 Stück mittelstarken Draht

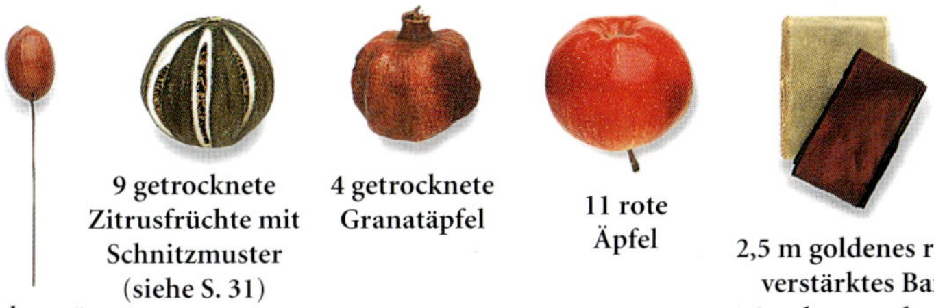

21 Pekannüsse mit Drahtstift

9 getrocknete Zitrusfrüchte mit Schnitzmuster (siehe S. 31)

4 getrocknete Granatäpfel

11 rote Äpfel

2,5 m goldenes randverstärktes Band
1,8 m burgunderrotes randverstärktes Band

Getrocknete Zitrusfrüchte mit eingeritzter Schale (siehe S. 31)

Mit Draht fixierte Doppelschleife mit langem Band

SO ENTSTEHT DIE FRUCHTGIRLANDE

Grundlage für diese einfache Girlande ist eine vorgefertigte Reisiggirlande mit abnehmbaren Anhängern. Kaufen Sie die Pekannüsse bereits auf Draht und befestigen Sie die getrockneten Zitrusfrüchte, Granatäpfel und Äpfel mit den Bambusstäben.

1 Mittelteil der Reisiggirlande mit Moos bedecken, das mit Draht fixiert wird. Die Rückseite der Girlande muß nicht bedeckt werden.

2 Handschuhe anziehen. Maschendraht um die Girlande wickeln und mit Draht fixieren.

Die Schlaufen dienen zum Befestigen der Seitenteile und zum Aufhängen der fertigen Girlande

3 Anhänger mit Moos bedecken, das mit Draht fixiert wird (siehe Punkt 1). Anhänger an den Schlaufen am Mittelteil aufhängen.

Zweige wie zufällig hineinstecken, es soll natürlich aussehen

4 Schneeballzweige, Eibenzweige und beerentragenden Efeu in die Girlande stecken und die Stiele im Draht einhaken.

5 Efeuranken sowie Stechpalmen- und Salbeizweige unregelmäßig in die Girlande stecken. Dabei darauf achten, daß der Maschendraht vollständig verborgen wird.

Bambusstäbchen geben den Trockenfrüchten mehr Halt

6 Etwaige Lücken im Mittelteil mit Pekannüssen, getrockneten Zitrusfrüchten und Granatäpfeln füllen und die Früchte mit Bambusstäbchen in der Girlande fixieren.

Girlande an den seitlichen Haken aufhängen

7 Bambusstäbchen in die Äpfel stecken und über die Girlande verteilen. Vier Doppelschleifen in kontrastierenden Farben binden (siehe S. 105). Jeweils zwei an einem Ende plazieren. An jedem Anhänger ein langes Band herunterhängen lassen.

Zierbäumchen

Zierbäumchen in unterschiedlichen Formen und Farben bilden ein originelles Weihnachtsensemble. Ein kegelförmiger Minibaum mit pompöser violetter Kugel ahmt einen großen Christbaum nach, und ein Strauß aus Stechpalme und Efeu thront auf duftenden Zimtstangen. Getrocknete Hortensienblüten, goldene Bällchen und zartrosa Papierblumen bilden einen reizvollen Kontrast zum satten Glanz der immergrünen Blätter.

Sie brauchen

einen Steckschwamm, 34 x 10 x 8 cm

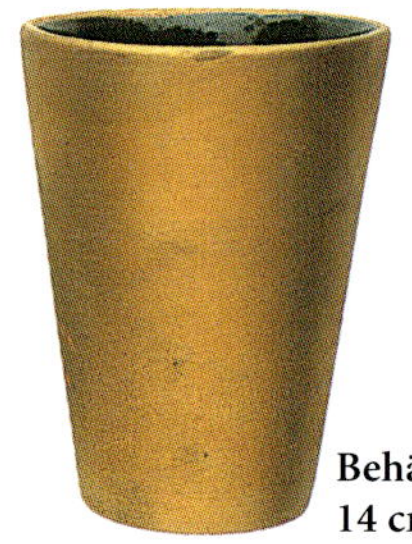

Behälter, 14 cm hoch

25 cm Bambusstab

4 Buchsbaumzweige

eine kleine Christbaumkugel

◆ WERKZEUG ◆

Küchenmesser

mittelstarken Draht

So entsteht ein Zierbäumchen

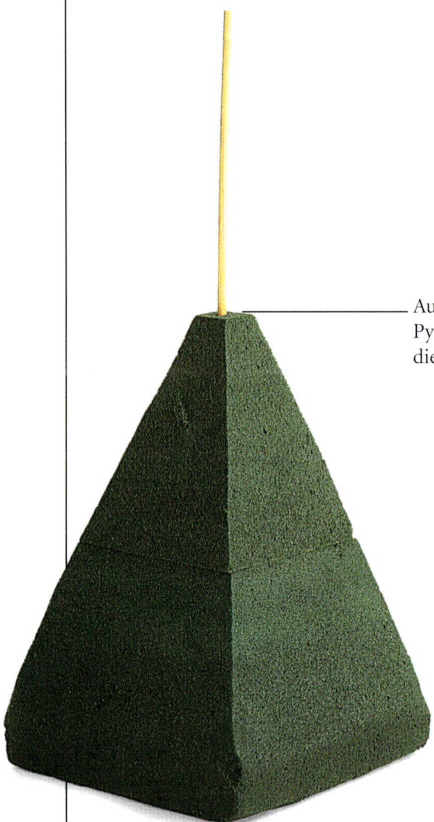

Auf der abgeflachten Pyramidenspitze liegt die Kugel auf

1 Schwamm in zwei Stücke zu je 10 x 10 x 8 cm schneiden. Ein Stück auf das andere legen und den Bambusstab durch beide Stücke stoßen. Mit dem Küchenmesser aus dem Schwamm eine vierseitige Pyramde schneiden und unterhalb der Spitze flach abschneiden.

2 Restlichen Schwamm zerschneiden und in den Behälter füllen. Pyramide daraufsetzen und mit dem Bambusstab befestigen.

3 Buchsbaumzweige in kleinere Zweige teilen. Von unten beginnend die Zweige dicht an dicht in die Schwammpyramide stecken.

Der Schwamm ist unter den Buchsbaumblättern verborgen

4 Nach oben weiterarbeiten, bis der Schwamm völlig unter den Buchsbaumblättern verschwunden ist. Zuletzt eine Drahtschlinge durch den Haken an der Kugel führen und auf der flachen Pyramidenoberfläche befestigen.

GRÜN UND RUND
Einige lange Zimtstangen in einen Topf mit trockenem Steckschwamm setzen. In eine Kugel aus feuchtem Steckschwamm Stechpalmenzweige und beerentragenden Efeu stecken und die Kugel auf die Zimstangen setzen. Behälter mit samtigem Moos bedecken und mit einem goldenen Stern und winzigen Päckchen dekorieren.

ZARTE ELEGANZ
Hortensienblüten, Papierrosen und goldene Papiermaché-Bällchen mit einem trockenen Schwamm in einen passenden Behälter stecken. Mit einer üppigen Schleife dekorieren.

Zimtstangen bilden den Stamm des Bäumchens

KLEIN, ABER FEIN
Eine prächtige Kombination aus glänzenden grünen Blättern mit Violett und mattem Gold.

Edle Blumen

Wenn Sie Ihre Weihnachtsdekoration mit ungewöhnlichen Elementen auffrischen möchten, dann versuchen Sie es doch mit ausgefallenen Blumenarrangements in den traditionellen Farben des Festes. Halten Sie die einzelnen Sträuße eher schlicht und kombinieren Sie sie mit anderen Sträußen unterschiedlicher Höhe, Größe, Farbe oder Struktur zu exquisiten Ensembles. Einfache Glasvasen mit ungewöhnlichen Formen verstärken den eleganten Effekt.

Ein klassisches Arrangement kurzstämmiger roter Rosen

Ein dichter Strauß aus Hahnenfuß, Gerbera, roten Anemonen und Weihnachtssternen

Weiße, kurz geschnittene Anemonen in einer quadratischen Vase

Die rote Amaryllis bewahrt Haltung in einer hohen Vase
Saftig-rote Beeren, kombiniert mit runden roten Chilischoten am Stamm
Rosenkohl und Minarettkohlröschen werden auf Bambusstäbe gesteckt
Limetten
Kürbis
Duftende weiße Hyazinthe (unten) in einem Behälter mit feuchtem Moos
Weiße Narzissen, mit Bast zusammengebunden
Die Vase wird mit Fichtenzweigen ausgelegt und mit Steckschwamm gefüllt

Glückskranz

Der immergrüne Glückskranz ist mehr als nur ein Stück Weihnachtsdekoration: Der saftige rote Apfel symbolisiert Wohlstand und Fruchtbarkeit für das kommende Jahr. Die Mistelzweige über der Tür bedeuten, daß kein Gast den Weihnachtskuß verweigern darf! Schmücken Sie die Kugel mit immergrünen Blättern und bunten Schleifen. Verstärken Sie die Wirkung mit vergoldeten Früchten und kleinen Dekorstücken.

Über dem Draht, der die Mistelzweige zusammenhält, liegt eine bunte Schleife

Sie brauchen

5 m Stahldraht

Teppichband

Drahtrolle

Apfel

3 cm Bambusstäbchen

20 cm dünne Goldkordel

50 cm dicke Kordel

20 Efeuranken

12 Mistelzweige

2 m Band mit Schottenmuster

50 künstliche Beeren

Schleifen mit Drahtstiel

15 cm Band zu drei kleinen Schlaufen zusammenfalten, Enden zusammendrücken. Kurzen, dünnen Draht um die zusammengedrückten Enden drehen. Ausreichend Draht als Stiel übriglassen. Für den Glückskranz zehn Schleifen vorbereiten.

• WERKZEUG •

Drahtschneider

Zange

Stopfnadel

Schere

VERBOTENE FRUCHT
Schmücken Sie den Glückskranz reichlich mit üppigem Grün. Aber achten Sie darauf, daß der verführerische Apfel immer zu sehen ist.

So entsteht der Glückskranz

Der Rahmen ist mit Stahldraht ganz einfach herzustellen. Der Draht wird zu einem Kreis gebogen und mit starkem Teppichband in Form gehalten. Buntblättriger Efeu läßt den Kranz leichter erscheinen, während einfarbige Blätter dichter wirken.

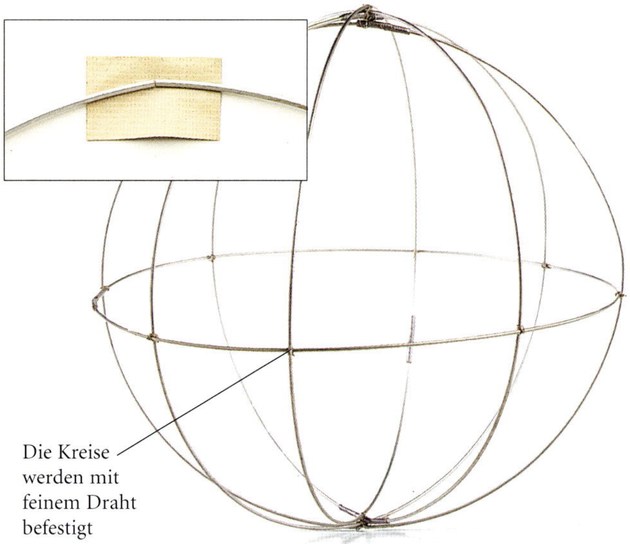

Die Kreise werden mit feinem Draht befestigt

1 Stahldraht in fünf Stücke zu je 1 m schneiden. Stahldrahtstücke zu Kreisen biegen, mit Teppichband fixieren (siehe kleines Bild) und mit feinem Draht zu einer globusartigen Form verbinden.

Ein Apfel hängt in der Mitte der Kugel

Der Faden wird mit einem Bambusstäbchen fixiert

2 Das Ende des Goldfadens in der Mitte des Bambusstäbchens verknoten und den Faden mit einer Nadel von unten nach oben durch den Apfel ziehen (siehe kleines Bild). Nadel entfernen und den Faden an der Oberseite des Glückskranzes verknoten, so daß der Apfel genau in der Mitte hängt.

Die Verbindungspunkte der Drähte werden von der Kordel verdeckt

3 Dicke Kordel an der Spitze verknoten und den Kranz an einen Ort hängen, wo er leicht zu dekorieren ist.

4 Lange Efeuranken so lange um das Drahtgestell schlingen und mit dünnem Draht fixieren, bis der Kranz die gewünschte Dichte hat. Darauf achten, daß der Apfel immer zu sehen ist.

5 Mistelzweige zu einem Bund fassen, Stämme mit Draht zusammenbinden und zum Kaschieren ein 50 cm langes Band herumwickeln. Misteln an einer langen Drahtschlaufe am Glücksbringer aufhängen.

6 Künstliche Beeren mit ihren Drahtstämmen am Kranz befestigen. Aus Band zehn gedrahtete Schleifen machen (siehe S. 68) und diese auf dem Kranz befestigen. Den Kranz aufhängen.

Früchte- und Blumenturm

Ein opulenter Turm aus erlesenen Früchten und Blumen macht die Weihnachtstafel zu einem Fest für die Augen. Kaufen Sie vergoldete Walnüsse auf Draht. Verstärken Sie Rosen und Johanniskraut schon vor dem »Turmbau« mit Draht und geben Sie auch den Lychees und Beeren zusätzlichen Halt.

Sie brauchen

einen kegelförmigen Steckschwamm, 20 cm Basisdurchmesser, 50 cm hoch

25 große Handvoll loses Moos

eine Rolle Draht

◆ WERKZEUG ◆

Küchenmesser

140 mittelstarke Drahtstücke

31 Bambusstangen, 25 cm lang, in 92 Teile zerbrochen

8 Platanenblätter mit Goldfarbe besprüht

15 rote Äpfel

25 Khakis

27 Pflaumen

14 kleine Birnen

42 Rosen

30 Lychees

14 vergoldete Walnüsse

5 Aprikosen

5 Passionsfrüchte

8 Sträußchen Johanniskraut

70 Efeublätter

60 Hagebutten

eine Babyananas

So entsteht der Turm

1 Die oberen 6 cm des Kegels abschneiden. Eine Handvoll Moos auf den Kegel legen und mit Draht fixieren.

2 Kegel auf die Platanenblätter setzen. Früchte mit den Bambusstäben auf den Kegel stecken. Frucht- und Blütenringe wie folgt in den Schwamm stecken: Äpfel, Khakis, Pflaumen, Birnen, Rosen, Lychees, Khakis, Pflaumen.

3 Mit Reihen aus Walnüssen, Aprikosen, Passionsfrucht, Lychees, Rosen und Johanniskraut fortfahren. Lücken mit Hagebutten schließen, Efeublätter zwischen die Schichten schieben, Ananas mit einem Bambusstab auf den Turm setzen.

FESTLICHE FRÜCHTE
Kombinieren Sie leuchtende Früchte in unterschiedlichen Farben, Formen und Größen mit vergoldeten Nüssen und Blättern zu einem köstlichen Ensemble.

Mit Bambusstab fixierte Ananas

Die obersten Schichten sind mit Johanniskraut dekoriert

Ein Ring aus Efeublättern zwischen den Fruchtschichten

Hagebutten schließen die Lücken zwischen den größeren Früchten

Licht- & Raum-gestaltung

Stimmungsvolle Beleuchtung verleiht einem Fest erst die richtige Atmosphäre. Lassen Sie den Duft von Bienenwachskerzen durch den Raum ziehen, setzen Sie mit geschmückten Leuchtern Akzente oder lassen Sie sich vom Reiz eines Reisigkranzes verzaubern. Hängen Sie witzige Laternen vor die Eingangstür und verblüffen Sie Ihre Gäste mit Tischgestecken, einem festlich geschmückten Kamin oder prächtig dekorierten Regalen.

EIN LICHTLEIN BRENNT

Das weiche Licht und der vertraute Duft von edlen Kerzen wecken in jedem Gast sofort das Gefühl weihnachtlicher Geborgenheit. Verwenden Sie Kerzen aus gerolltem Bienenwachs, gedrehte, spitze oder blockartige Kerzen, schlichte Kirchenkerzen, originelle Gußkerzen oder blütenförmige Schwimmkerzen. Lassen Sie sich von der verschwenderischen Stimmung der Weihnachtszeit mitreißen und schmücken Sie die Kerzenständer mit passenden Bändern, Schnüren und Schleifen.

BIENENWACHSKERZEN
Diese herrlich natürlichen Kerzen riechen verführerisch nach Honig. Binden Sie verschieden hohe, dünne Kerzen zu einem kleinen Bündel, das auch ohne Kerzenständer steht.

SCHWIMMKERZEN
Blütenförmige Schwimmkerzen in einer breiten Schale zaubern wunderschöne Lichtreflexe. Einige Blütenblätter auf der Wasseroberfläche sorgen für eine sinnliche Note.

Glänzende Glasanhänger verleihen der Spiralkerze zusätzliche Eleganz

Zusammengebundene Kerzen sollten nicht angezündet werden

Goldene Sterne winden sich an einer Schnur um den Kerzenständer

KERZENSTÄNDER
Setzen Sie hohe, elegante Kerzen auf Kerzenständer aus Glas oder Holz, die Sie mit Kronleuchterperlen, glitzernden Goldsternen oder üppigen Satinquasten dekorieren.

SELBSTSTEHENDE KERZEN
Verleihen Sie schweren, freistehenden Kerzen festlichen Pepp mit bunten Bändern, binden Sie ihnen ein goldenes Blatt um, oder verwenden Sie ausgefallene Kerzen in strahlendem oder marmoriertem Gold.

Kirchenkerze, verziert mit einer blau-goldenen Quaste

Cremeweiße Kerze mit einem Band und golden besprühten Eichenblättern

Ein glänzendes elastisches Goldband wird um eine stämmige Kerze gewickelt

Dekorierte Kerzenleuchter

Verwandeln Sie einen schlichten schmiedeeisernen Kerzenleuchter in ein Schmuckstück. Winden Sie glänzendes Immergrün um seine Arme und schmücken Sie ihn mit roten Rosen und goldenen Blättern. Variieren Sie Ihr Werk mit dichteren Blättern und künstlichen Weintrauben, mit Satinbändern und bunten Kerzen oder mit zierlichen Perlenketten und Kerzen aus dunkelblauen Wachsblättern.

Christbaumschmuck

ÜPPIGES GRÜN
Schmücken Sie einen Kerzenleuchter reichlich mit glänzendem Immergrün. Hängen Sie schillernde künstliche Weintrauben in die Blätter und krönen Sie Ihr Werk mit blaßgrünen Kerzen.

Die schwarzen Arme verschwinden unter buntem Satin

SPANISCHE AUSGELASSENHEIT
Wickeln Sie bunte Satinbänder fest um die Arme des Leuchters; stimmen Sie die Farben der Kerzen sorgfältig auf die Bänder ab. Mit poppigem Christbaumschmuck schaffen Sie südländisches Flair.

Spitze Kerze aus gerolltem Bienenwachs

Der goldene Stern reflektiert das Licht

ABENDLICHE ELEGANZ
Zarte blaue Glasperlen und goldene Sterne schmücken die Arme des Kerzenleuchters. Lose baumelnde Glasperlen schenken ihm eine gewisse Leichtigkeit. Den krönenden Abschluß bilden nachtblaue Bienenwachskerzen.

FRISCHE BLUMEN
Ein luxuriöses Arrangement aus dunkelgrünem Efeu und tiefroten Rosen macht diesen Kerzenleuchter zum Mittelpunkt des Weihnachtstisches. Soll er die ganze Weihnachtszeit schön bleiben, schmücken Sie ihn mit künstlichen Blumen und Blättern.

Die kräftigen Farben wirken durch die hellen Kerzen besonders gut

Goldene Blätter mit Drahtstielen gibt es in Blumen- und Gartenfachmärkten

Die roten Rosen, der Efeu und die goldenen Blätter werden mit Draht befestigt

Rosen mit Draht befestigen

Ein Efeublatt mit Stiel unter eine Rosenknospe legen, so daß die beiden Stiele nebeneinanderliegen. Blumendraht durch die Unterseite der Rosenknospe stoßen und um beide Stiele herum nach unten wickeln. Stiele in der einen und Blumenband in der anderen Hand halten, Stiele ineinanderdrehen und mit Band fest umwickeln.

Reisigkranz

Verwandeln Sie einen Reisigkranz in einen ausgefallenen Kerzenlüster. Schmücken Sie ihn mit getrockneten Früchten, Chilischoten, vergoldeten Nüssen und Samenhülsen, und sorgen Sie mit glitzernden Glasanhängern für blitzende Reflexe. Hängen Sie Ihren extravaganten Kranz über eine elegante Festtafel oder in die Nähe eines Spiegels. Dies sorgt für märchenhafte Lichteffekte.

Sie brauchen

Reisigkranz, mit Goldfarbe besprüht

◆ WERKZEUG ◆

Schere
starken Klebstoff

1,8 m Goldkordel

9 Kerzenhalter

1 getrocknete Mangostane, vergoldet

6 getrocknete Mandarinen, vergoldet

einen Kiefernzapfen

15 große getrocknete Chilis

40 kleine getrocknete Chilischoten

6 Glasanhänger

6 Schleifen mit Drahtstielen

10 getrocknete tropische Samenkerne, vergoldet

4 Pekannüsse, vergoldet

9 Christbaumkerzen

Die Schalen der getrockneten Mandarinen werden mit Goldfarbe eingerieben

STRAHLENDES LICHT
Lassen Sie die Kerzen niemals unbeaufsichtigt brennen und tauschen Sie heruntergebrannte rechtzeitig aus.

Die Anhänger gibt es als Baumschmuck oder in Lampengeschäften

So entsteht der Reisigkranz

1 Schnur in drei Stücke à 60 cm schneiden, in gleichmäßigen Abständen um den Kranz binden und die Enden verknoten. Kerzenhalter befestigen.

2 Früchte, Zapfen, Gewürze und Nüsse mit starkem Klebstoff aufkleben.

3 Kranz aufhängen. Kerzen, Glasgehänge und Schleifen befestigen.

Edler Tafelschmuck

Beeindrucken Sie Ihre Gäste mit einem opulenten Tischgesteck aus angezuckerten Früchten. Verwenden Sie dicke cremeweiße Kerzen und farblich abgestimmtes Obst, getrocknete Blumen und künstliche Beeren. Wenn alle frischen Früchte angezuckert werden, hält diese traumhafte Dekoration bis zu einer Woche.

◆ WERKZEUG ◆

Messer

Schneidfeder

Metall-Lineal

40 Stück mittelstarken Draht

Sie brauchen

einen Steck-schwamm, 22,5 x 11 x 7,5 cm

silberne Kuchenpappe, 25 x 16 cm

2 Kerzen, 16 cm hoch

eine Kerze, 24 cm hoch

15 kleine Zweige getrocknetes Laub

12 getrocknete Hortensienblüten

10 Büschel getrockneter, gefärbter Ginster

17 Mohnkapseln

12 Sträußchen künstliche Beeren

15 getrocknete rosafarbene Rosenknospen

20 getrocknete pfirsichfarbene Rosenknospen

10 Schleifen mit Drahtstiel

3 glasierte Birnen

4 Scheiben kandierte Zitronenschale

7 angezuckerte Weinträubchen

angezuckerte Purpurfeige

kandierte grüne Feige

2 kandierte Mandarinen

kandierte Reineclaude

6 glasierte Kumquats

5 Scheiben glasierte Sternfrüchte

LEBENDIGES LICHT
Wechseln Sie die Kerzen aus, bevor sie bis zur Höhe der obersten Früchte hinuntergebrannt sind.

So entsteht der edle Tafelschmuck

Frische Früchte vorher anzuckern, damit sie trocknen können (siehe Kasten rechts). Schleifen mit Drahtstiel formen (siehe S. 68), Draht um die Stengel der Beerensträußchen, Rosenknospe und Ginsterbüschel binden.

1 Löcher im Durchmesser der Kerzen in die Kuchenpappe schneiden und die Pappe auf den Schwamm legen. Stecken Sie die größere Kerze in das mittlere Loch und die beiden kleineren in die seitlichen Löcher.

2 Die Zweige mit den getrockneten Blättern und die Hortensienblüten in den Schwamm unter die Pappe schieben.

3 Ginstersträußchen und Mohnkapseln mit Drahtstielen zwischen die trockenen Blätter und Hortensienblüten schieben.

Blüten und Blätter in verschiedene Richtungen zupfen, um dem Gesteck eine natürliche Note zu geben

4 *Rosenknospen und künstliche Beeren mit den Drahtstielen in den Schwamm stecken.*

Sträußchen aus einzelnen Rosenknospen

5 *Kuchenpappe dicht mit den angezuckerten Früchten und dem kandierten Obst belegen. Etwaige Lücken lassen sich dekorativ mit Schleifen füllen, die auf Drahtstielen zwischen den Früchten befestigt werden.*

Früchte anzuckern

1 Früchte sorgfältig waschen und trocknen. Das Eiweiß von zwei Eiern leicht schaumig schlagen und die gesäuberten Früchte damit bestreichen.

2 Mit einem Löffel feinen Kristallzucker vorsichtig über die Früchte streuen. So wirkt der Rauhreifeffekt zarter, als wenn das Obst im Zucker gewälzt würde.

3 Früchte auf einem Backrost trocknen lassen. Sie bleiben bis zu einer Woche frisch.

LATERNEN

Eine Gruppe schimmernder Laternen vor dem Haus weist weihnachtlichen Gästen den Weg. Schmücken Sie eine gekaufte Laterne mit Perlen, bunten Bändern und Christbaumschmuck, oder verwandeln Sie kleine Glasgefäße in leuchtende Wegweiser. Greifen Sie zu funkelnden Glasfarben, strahlenden Sternen und goldenen Schneeflocken oder versuchen Sie es mit der Schwammdruckmethode auf S. 126.

Rechts, von oben nach unten:

MONDSCHEINLATERNE

Eine Metall-Laterne mit Goldfarbe besprühen und auf einer Seite mit einem roten Mond verzieren.

BUNTES WINDLICHT

Ein Glas mit roten und grünen Streifen bemalen, an einem Drahtgestell mit bunten Perlen aufhängen.

GRÜNES GARTENLICHT

Grün gefärbtes Glas mit Draht an einer Kupferspirale befestigen.

Mitte, von oben nach unten:

LICHTERBAUM

Eine gekaufte Laterne mit roter Glasfarbe bemalen und an einer grünen Kordel aufhängen.

STERNENLEUCHTE

Eine gekaufte Laterne mit goldenen Sternen auf dem Glas und an einer Schnur verzieren.

GROSSE ROTE LATERNE

Einen schillernden Mond am Boden einer roten Blechlaterne befestigen.

Rechts außen, von oben nach unten:

SCHIMMERNDES GLASLICHT

Ein kleines grünes Glas in ein Drahtgestell setzen, das mit schimmernden Perlen verziert ist.

HIMMELSLICHTER

Ein rotes Glas mit bunten Sternen, Monden und Punkten bemalen und an einer grünen Drahtspirale aufhängen.

STERNENLATERNE

Mit einer großen cremefarbenen Kerze goldene Sterne auf das Glas einer dunkelgrünen Laterne malen.

ROTER KERZENHALTER

Drahtspirale um einen gläsernen Kerzenhalter legen und bunte Perlen auf den Draht kleben.

ROKOKO-DEKOR

Der edle Samt dieser prunkvollen Dekoration harmoniert hervorragend mit den edlen Blumen des Winters. Verbergen Sie einen Kaminsims oder ein Regalbord unter einem kostbaren Stoff mit sanft geschwungener, besäumter Kante und krönen Sie Ihr Arrangement mit goldenen Accessoires, exquisiten Christbaumkugeln und einer Girlande aus locker drapierten Seidenbändern.

Die Bienenwachskerze paßt wunderbar zum matten Goldglanz des Kerzenständers

Anemonen, Rosen und scharlachrote Oleanderblüten wechseln mit Schleifen aus glitzerndem blauen Band ab

Eine Blechdose wird mit Goldfarbe besprüht und mit einem Steckschwamm gefüllt

Die Zierborte auf der frischen Orange wurde mit einer Tapezierer-Reißzwecke befestigt

Goldener Bilderrahmen
mit blauem Samteinsatz
und gold-blauer Einfassung
Goldene Christbaum-
dekoration mit
zarter Schleife
Dekorative Figuren
aus Golddraht
schimmern im Licht
Der rote Samtüberwurf
wird mit Seidenbändern
dekoriert

SILBER-DEKOR

Dieses prächtige winterliche Arrangement wird mit erlesenen silbernen Accessoires geschmückt. Verzieren Sie den Überwurf aus silbernem Karton mit Zierdeckchen und Stechpalmenblättern, und setzen Sie mit cremefarbenen Tulpen und einem Strauß blaßgrüner Blätter sanfte Akzente.

Bemalter Holzrahmen mit Einsatz aus Wellpappe und einer gläsernen Weintraube

Die stilvolle Vase gewinnt durch eine silberne Kugel zusätzliche Eleganz

Der silberne Kartonüberwurf wird mit Stechpalmenzweigen, Zierdeckchen und Christbaumkugeln geschmückt

Das silbergrüne Lorbeerlaub und die silbernen Christbaumkugeln stecken in einem Steckschwamm

Deckel einer sternenförmigen silbernen Schachtel

Silberne und perlmuttfarbene Kugeln in einem Kelch aus geschliffenem Glas

LÄNDLICHES DEKOR

Diese traditionelle Dekoration lebt von natürlichen Farben und Materialien. Getrocknete Zitrusfrüchte, Zimtstangen und Vögel aus gepreßtem Blech schmücken den Kamin. Eine Girlande aus getrockneten Früchten, Nüssen und Salzteigfiguren (siehe S. 20) hängt unter dem Sims.

Ein bemalter Holzrahmen schmückt karierten Stoff und einen Salzteigbaum

Lustige sternförmige Lutscher in einem weihnachtlichen Becher

Ein leuchtendes Herz aus Blech

Eine schlichte Kirchenkerze wirkt sehr stilvoll

Weihnachtliche Schüssel mit Tannenzapfen und hölzernen Früchten

Winzige Weidenkörbchen, gefüllt mit bunt verpackten Schokokügelchen

Spanisches Dekor

Mit diesem bunten Arrangement holen Sie die Wärme des Sommers ins Haus. Verwenden Sie echte Blumen und Papierblumen in den verrücktesten Farben und natürliche Materialien wie Stroh, Holz und Papier. Die kleinen bunten Papierflaggen sind ein hervorragender Blickfang. Kerzen in kräftigen Farben krönen das Ganze.

Eine feste Pappschachtel, gefüllt mit Hahnenfuß, Mohnkapseln und golden besprühten trockenen Eukalyptusblättern

Eine Golddraht-spirale mit Sternen

Papierrosetten auf Stöcken, kombiniert mit goldenen Monden und Glasperlenketten
Punzierte Blechvase
Blaues Holzgefäß mit Gewürzbällchen (siehe S. 30), Metallfrüchten und -gemüse
Blechfisch (siehe S. 46)

Geschenke & Weihnachtskarten

Wenn immer mehr Weihnachtskarten im Briefkasten stecken, rückt das Weihnachtsfest näher. Überraschen Sie Ihre Lieben mit originellen selbstgemachten Weihnachtskarten. Hüllen Sie Ihre Geschenke in handbedrucktes Papier, und geben Sie Ihren Gaben mit phantasievollen Geschenkanhängern und extravaganten Verzierungen eine besondere Note.

GESCHENKPAPIER

Geben Sie auch Ihrem Geschenkpapier einen besonderen Touch, indem Sie es selbst gestalten. Ihre Päckchen werden um so verführerischer unter dem Baum hervorblitzen. Bedrucken Sie farbiges Papier mit festlichen Motiven, oder bestreichen Sie Papier mit einer dicken Farbschicht, in die Sie phantasievolle Muster ziehen. Preisgünstiges Papier eignet sich genauso gut wie farbiges Seidenpapier, Textilpapier oder Umweltpapier.

BEDRUCKTES PAPIER **Sie brauchen**

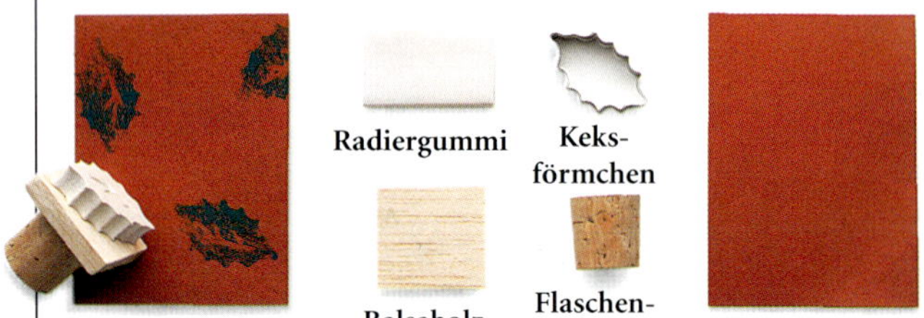

Radiergummi

Keksförmchen

Balsaholz

Flaschenkorken

Papier

• WERKZEUG •

Bastelmesser oder Schneidfeder

Klebstoff

Pinsel

wasserfeste Deckfarbe

STRUKTURIERTES PAPIER **Sie brauchen**

wasserfeste Deckfarbe

festen Karton

Tapetenkleister

Papier

• WERKZEUG •

flache Schüssel

Löffel oder Teigspachtel

breiten Pinsel

Schere

Ein Vogel im Kartonstempeldruck mit goldenem Auge

Radiergummi-Stempeldruck und Nagelkopf-Beeren

Radiergummi-Stempeldruck

Kordelspiralen- und Holzstempeldruck

BEDRUCKTES PAPIER
Machen Sie aus einfachen weißen oder farbigen Bögen ausgefallenes Geschenkpapier, indem Sie es bestempeln oder mit Mustern strukturieren.

Kartonkammstruktur
und Holzstempeldruck

Stempeldruck

Kaufen Sie Holzstempel, oder basteln Sie Ihre eigenen Stempel aus Radiergummi. Naturschwämme und Kordelspiralen bieten sich ebenso für einen phantasievollen Stempel an wie Karton oder Kartoffeln.

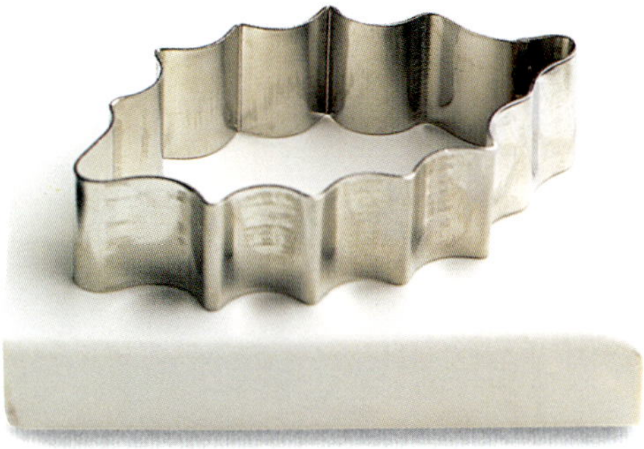

1 *Mit einem Keksförmchen einen blattförmigen Stempel aus einem Radiergummi ausstechen.*

2 *Ein Stück Balsaholz etwas größer als den Gummistempel zuschneiden. Stempel auf das Holzstück kleben.*

3 *Details wie Blattadern in den Gummi ritzen. Flaschenkorken als Griff auf das Balsaholz kleben.*

4 *Farbe auf den Stempel auftragen, dabei die eingeritzten Details aussparen und das Papier bedrucken.*

Mit in Farbe getauchten stumpfen Enden einer Stricknadel oder Nägelköpfen Details wie etwa Beeren hinzufügen

DEKORATIVE MOTIVE
Verleihen Sie einfarbigem Papier eine besondere Note, indem Sie es mit phantasievollem Blätterwerk und goldfarbenen Beeren bedrucken.

Weitere Anregungen

Kartonstempel
Motiv auf Karton übertragen, ausschneiden und auf ein größeres Stück Karton kleben. Ein Korken dient als Griff.

Kordeldruck
Eine Kordelspirale auf ein Stück Papier kleben und ausschneiden. Auch hier dient ein Korken als Griff.

Kartoffeldruck
Kartoffel halbieren und mit einem kleinen Küchenmesser das gewünschte Muster in die Schnittfläche schnitzen.

Schwammdruck
Naturschwamm vorsichtig in Goldfarbe tauchen, Papier leicht betupfen. Ergibt eine wunderschöne Goldmarmorierung.

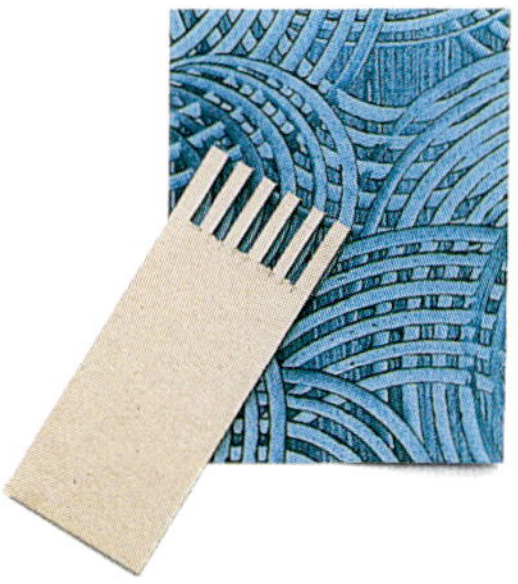

Strukturiertes Papier

Eine dickflüssige Mischung aus Tapetenkleister und Farbe verleiht weißem Papier eine satte Färbung und feine Strukturen. Ziehen Sie mit einem Kartonkamm oder anderen Gegenständen Muster in die feuchte Farbe.

1 *In einer flachen Schüssel etwas Tapetenkleister laut Gebrauchsanleitung anrühren.*

2 *Sobald die Masse dickflüssig ist, Farbe hinzufügen, bis der gewünschte Ton erreicht ist.*

3 *Farbe mit einem breitem Pinsel rasch auftragen, um den gewünschten Struktureffekt zu erzielen.*

4 *Dicken Karton kammförmig zuschneiden und Kreis-, Zickzack- oder andere Muster in die noch feuchte Farbe schaben. Trocknen lassen.*

Ein Kamm mit sechs Zähnen hinterläßt dieses kreisförmige Muster

Weitere Anregungen

Stempeldruck
Sauberen Holzstempel auf die feuchte Farbe pressen. Mit einem Teigrad Wellenlinien hinzufügen.

Teigrad
Um Wellenlinien zu erzielen, ein Teigrad über die feuchte Farbe führen.

Gabel
Mit einer gleichzinkigen Gabel können einfache, aber doch ungewöhnliche Effekte erzielt werden.

Geschenkbox

Geben Sie einem besonderen Geschenk zusätzlich Pfiff, indem Sie es in einer Schachtel überreichen. Noch festlicher wird es, wenn Sie farblich abgestimmte, bedruckte Karten (siehe S. 100–101) beilegen. Duftige, zu bauschigen Schleifen gelegte Bänder oder glänzende Goldkordeln und Quasten sind das i-Tüpfelchen auf Ihrer Geschenkbox.

So entsteht die Box

Passen Sie die Maße der oben angegebenen Schablone Ihrem Geschenk an.

1 Mit Bleistift und Lineal die Maße auf die Vorderseite eines festen Kartons übertragen.

2 Den Umriß auf einer schneidfesten Unterlage mit einem Bastelmesser oder einer Schneidfeder ausschneiden (siehe Abbildung).

3 Die übrigen Bleistiftlinien werden entlang eines Stahllineals vorsichtig eingeritzt.

4 Karton entlang der eingeritzten Kanten knicken. Schachtel mit goldener Kordel oder goldenem Band zusammenhalten. Das Kleben der Schachtelränder ist nicht nötig, erhöht aber ihre Stabilität.

Rechteckige Box

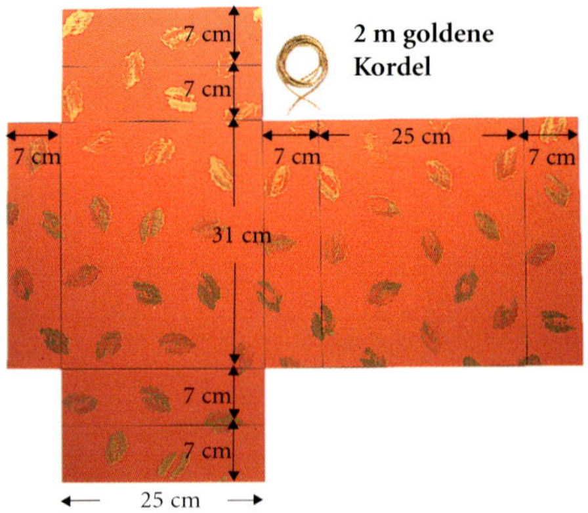

Sie brauchen

2 m goldene Kordel

SCHABLONE
Gemusterten oder farbigen Karton, 59 x 71 cm

Die Maße entsprechen der größten abgebildeten Box.

◆ WERKZEUG ◆

Bleistift
Plastiklineal
Schneideunterlage
Bastelmesser oder Schneidfeder
Stahllineal
Klebstoff (eventuell)
Lochzange

PYRAMIDENBOX

Sie brauchen

SCHABLONE
Gemusterten oder farbigen Karton, 54 x 54 cm

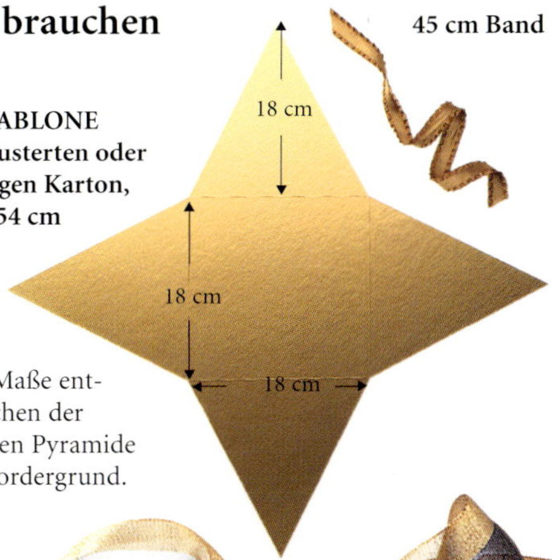

Die Maße entsprechen der kleinen Pyramide im Vordergrund.

45 cm Band

PYRAMIDENBOX
Schablone auf den Karton übertragen, ausschneiden und einritzen (siehe Vorgehensweise bei der rechteckigen Schachtel). Mit Lochzange ein Loch in jede der vier Spitzen stanzen, ein Band durch alle vier Löcher ziehen, vorsichtig zusammenziehen und zu einer einfachen Schleife binden.

FESTLICHE BOX
Geschenke in Seidenpapier wickeln und die Schachtel nur lose binden, so daß das farbige Seidenpapier an den Kanten hervorblitzen kann.

*B*ÄNDER & SCHLEIFEN

Geben Sie einem geschmackvoll verpackten Geschenk mit einer großzügigen Schleife einen raffinierten Touch. Experimentieren Sie mit Brokatbändern, Bast und glitzernden Paillettenschnüren, oder durchstöbern Sie Papierwarenläden nach ausgefallenen Bändern. Probieren Sie die Wirkung romantischer Rosenknospenschleifen, oder legen Sie eine einfache Schleife.

randverstärktes, grobgewebtes Band

randverstärktes Organzaband

goldrandverstärktes Taftband

randverstärktes, gestreiftes Taftband

RANDVERSTÄRKTE BÄNDER
Randverstärkte Bänder lassen sich besonders gut zu Rosenknospen und anderen großzügigen Schleifen binden.

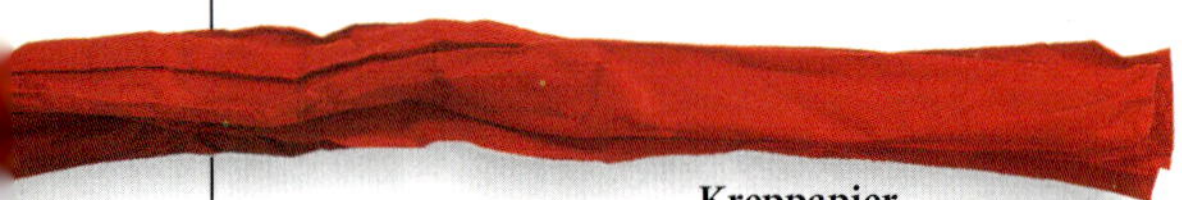

Kreppapier

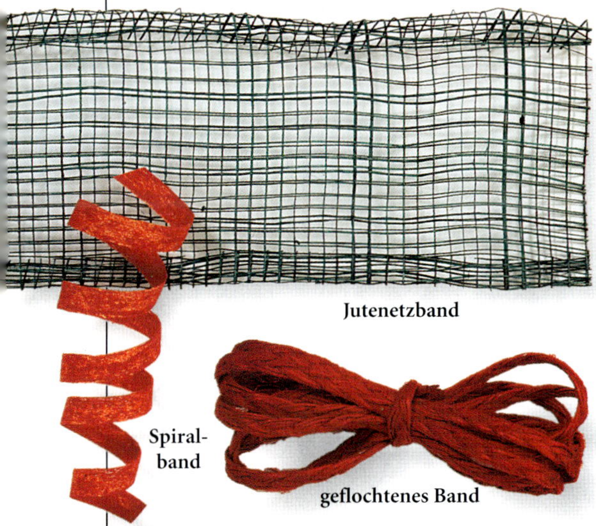

Jutenetzband

Spiralband

geflochtenes Band

Textilpapier mit Goldfasern

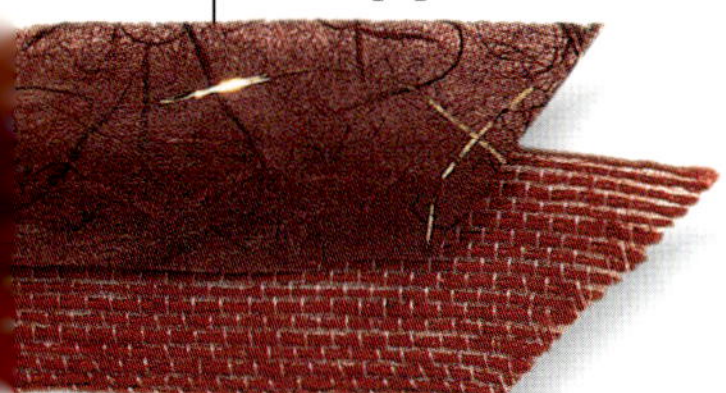

Baumwollband

PAPIERBÄNDER
Durchstöbern Sie Papierwarenhandlungen nach Papierbändern, mit denen Sie Ihre Päckchen noch origineller gestalten können.

glattes grünes Taftband

doppelseitiges Satinband

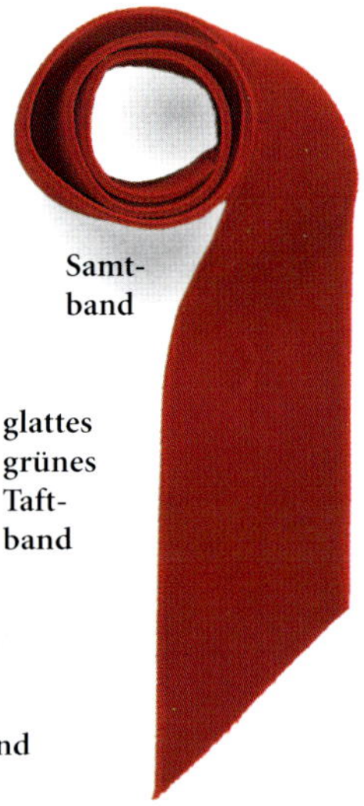

Samtband

GLATTE BÄNDER
Satin- oder Samtbänder eignen sich besonders gut für elegante, flache Schleifen.

Goldkordel

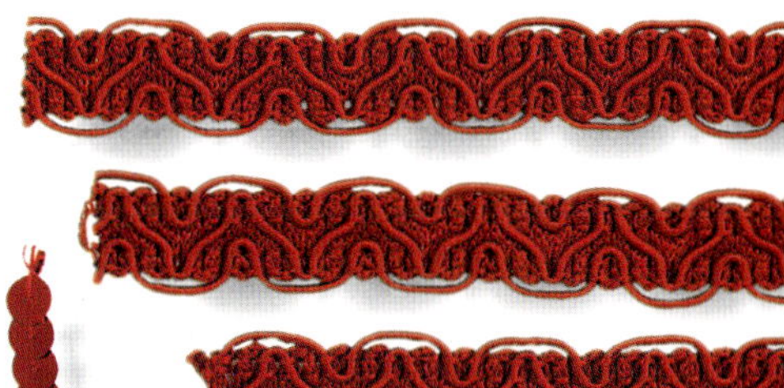

Bortenband

einreihige Paillettenschnüre

KORDELN UND PAILLETTEN
Suchen Sie in der Kurzwarenabteilung großer Kaufhäuser nach Ausgefallenem.

Organzaband mit Goldrand

Organzaband mit Taftstreifen

ORGANZABÄNDER
Leichte, durchscheinende Organzabänder eignen sich vorzüglich für duftige Schleifen.

EINFACHE SCHLEIFE aus einem Band mit Randverstärkung

1 Band zur Schlaufe legen, wobei die losen Enden gleich lang sein sollten.

2 Oberen Teil nach hinten legen, so daß zwei Schlaufen entstehen.

3 Ein langes Stück Blumendraht um die Mitte der Schleife wickeln.

Bandenden nach Belieben zurecht-schneiden

DOPPELTE SCHLEIFE aus einem Band mit Randverstärkung

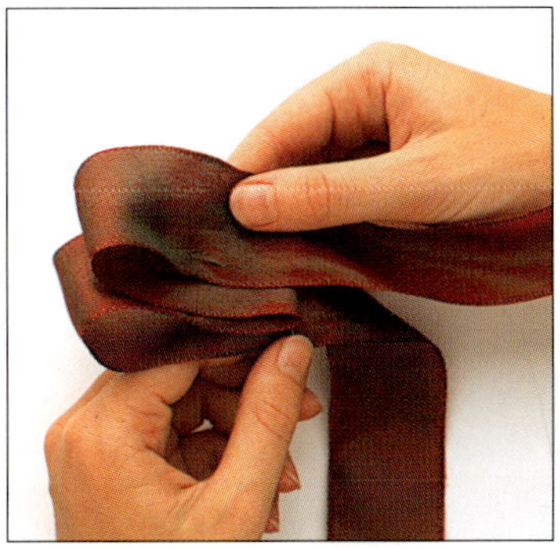

1 Mit dem linken Ende des Bandes eine Schlaufe zur Mitte hin legen. Eine zweite, etwas größere Schlaufe mit dem gleichen Ende unter die erste Schlaufe legen.

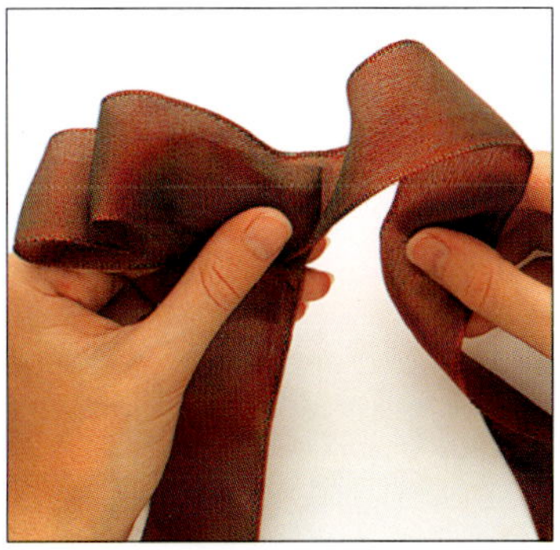

2 Beide Schlaufen mit der linken Hand halten und Schritt 1 mit dem rechten losen Ende wiederholen. Alle vier Schlaufen leicht ineinander versetzt in der Mitte fixieren.

3 Ein kurzes Stück desselben Bandes der Länge nach falten und um die Mitte der Schleife wickeln. Um die beiden Enden auf der Rückseite ein Stück Blumendraht drehen.

Bandenden diagonal schneiden

ROSENKNOSPE aus einem Band mit Randverstärkung

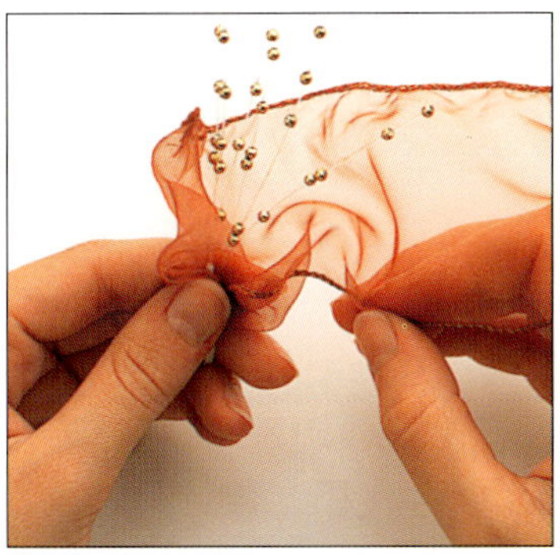

1 Die Staubgefäße aus Draht mit einer Hand festhalten und mit dem Band locker umwickeln. Stets gut festhalten.

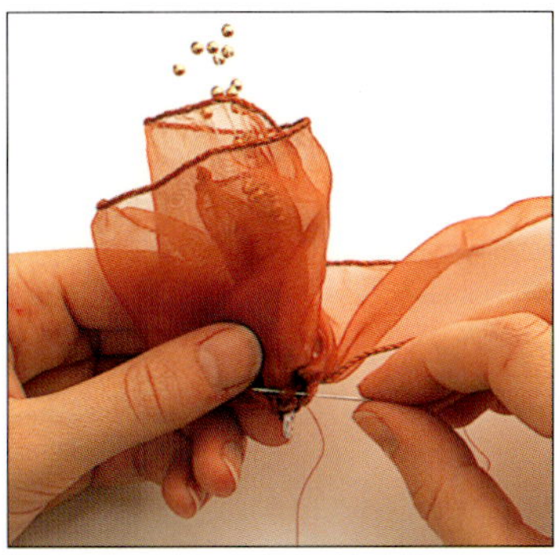

2 Nach jeder Runde den unteren Rand des Bandes mit einigen Stichen fixieren. Den oberen Rand etwas nach außen ziehen.

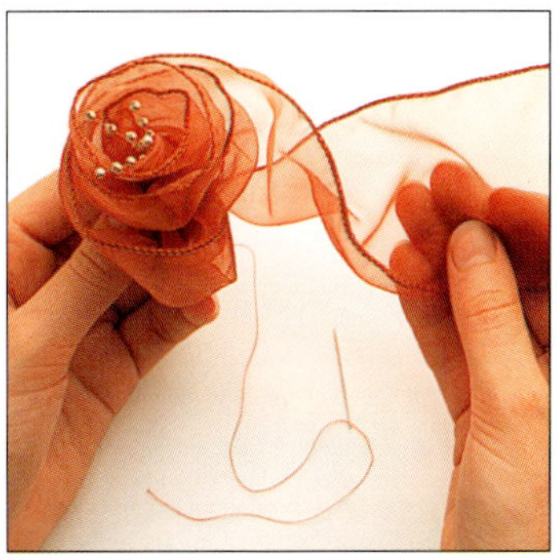

3 Gegen Ende das Band während des Umwickelns leicht drehen. Bandende an der Unterseite der Knospe festnähen.

Rosenknospe in Form zupfen

Liebevolle Details

Kleiner Christbaumschmuck, künstliche Beeren, getrocknete Früchte und Blumen, Muscheln, Modeschmuck und andere Kinkerlitzchen … All das lohnt sich aufzubewahren, denn damit lassen sich Päckchen aufs Originellste gestalten. Kleben oder binden Sie ungewöhnliche Dekorstücke und verzieren Sie damit Ihre Weihnachtspäckchen. Und vergessen Sie die ausgefallenen, selbstgemachten Geschenkanhänger nicht (siehe S. 110)!

Natürlicher Schmuck

Kiefernzapfen

Stechpalmenblatt

getrocknete Orangenscheibe

polierte Muscheln

Zimtstangen

getrocknete Rosenknospe

Künstlicher Schmuck

künstliche Beeren

Goldbrokat-ornamente

Glasperlen

Streifen aus silberfarbener Wellpappe

blaue, auf Draht gefädelte Glasperlen

künstliche Beerentrauben

Goldbrokatornamente dienen als Kopfstück der Quaste

GLIMMER UND GLITZER
Diese prächtige Weihnachtsdekoration besteht aus zwei im Handel erhältlichen Christbaumdekorationen.

Luxuriöse Goldlamettafäden glitzern im Licht

Orangenscheiben auf einer glatten Oberfläche trocknen

OBSTARRANGEMENT
Drei getrocknete und zusammengeklebte Orangenscheiben mit Schleifen aus kupferfarbenem Satin- und Organzaband verzieren (siehe S.105).

Weiße, mit Goldspray besprühte Papierblumen

Goldfarbene Staubgefäße aus dem Konditoreiwarenhandel

GOLDENES STRÄUSSCHEN

Die Stiele der Papierblumen und der Staubgefäße mit den Goldbandschleifen zusammenfassen und mit Kordel umwickeln. Blaue, auf Draht gefädelte Perlen sorgen für kleine Farbtupfer.

Dunkelgrünes Netzband verstärkt den natürlichen Effekt

STECHPALMENSTRÄUSSCHEN

Zimtstangen mit Netzbandschleife zusammenfassen und mit Blumendraht an Stechpalmenblättern befestigen. Getrocknete an der Schleife befestigte Rosenknospen erzielen einen zusätzlichen dekorativen Effekt.

Schleifen aus silberner Kordel

MUSCHELN UND PERLEN

Muscheln, Perlen und perlmuttfarbene, künstliche Trauben auf ein ovales Stück silberne Wellpappe kleben und mit flachen, silbernen Kordelschleifen dekorieren.

Im Handel erhältliche künstliche Beeren

Die Stiele der Papierrosen und der Beerensträußchen werden umwickelt

FESTLICHE BEEREN

Die Stiele zusammenfassen und mit einer roten Schleife (siehe S. 105) und Kiefernzapfen dekorieren.

BRONZEFARBENE SCHLEIFE

Organzaband mit Randverstärkung rosettenförmig in Schleifen legen, mit Blumendraht umwickeln und einen Zedernzapfen in die Mitte kleben.

Luxuspäckchen

Greifen Sie bei der Verpackung zu exquisitem Geschenkpapier in verschiedenen Farben oder zu Stoffen. Zaubern Sie mit Seiden- und Satinbändern, exotischen Federn, glitzernden Sternen und glänzenden Kugeln eine ganz besondere Note. Verwenden Sie braunes Papier, getrocknete Samen und Hülsenfrüchte oder Blätter für den natürlichen Look; oder schaffen Sie einen originellen Kontrast mit glänzendem Papier und einem einzigen, getrockneten Blatt.

Weitere Anregungen

DER NATÜRLICHE LOOK
Getrocknete Blätter auf strukturiertes, braunes Papier kleben. Geflochtenes Bastband zur Schleife binden und die Enden aufribbeln. Zuletzt eine getrocknete Mangostane in die Schleife stecken.

EIN HAUCH VON GLAMOUR
Breites orangefarbenes Taftband um ein in rotes Folienpapier verpacktes Geschenk binden. Mit einer roten Rosenknospenschleife aus Seidenband (siehe S. 105) schmücken. Ein getrocknetes Blatt schafft einen interessanten Kontrast.

FUNKELNDE STERNE
Dunkelviolettes Kreppapier mit durchsichtigem Folienpapier bedecken, um einen schimmernden Effekt zu erzielen. Breites Satinband zur Schleife binden und Zackenborten einknüpfen. Ein an Blumendraht befestigter Stern schimmert silbern hinter dem Band hervor.

ETWAS ZAUBER UND MAGIE
Ein großes, rechteckiges Stück schwere Wildseide um das Geschenk legen, bauschig zusammenfassen und mit einem andersfarbigen Seidenband und exotischen Federn schmücken.

Weisse Schachtel

Sie brauchen

Fächer aus weißem und goldenem Papier

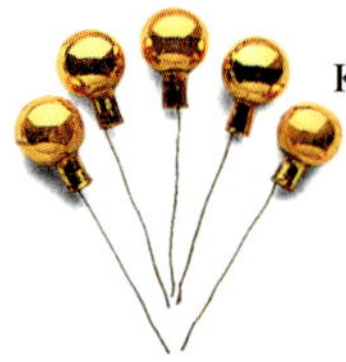

5 kleine Kugeln auf Blumendraht

glänzende Goldkordel

weiße, klein gefaltete Papierstreifen

gemustertes Geschenkpapier

Gefaltete Papierstreifen unter die Fächer und Kugeln stecken und festkleben

KLASSISCHE ELEGANZ
Hüllen Sie Ihr Geschenk in weiß-goldenes Papier und binden Sie eine Goldkordel herum. Winden Sie die Drahtstiele der goldenen Kugeln um die Kordel und decken Sie die Enden mit Papierfächern und gefältelten Bändern ab.

Geschenkanhänger

Originelle Geschenkanhänger sind wie das Tüpfelchen auf dem i. Kombinieren Sie natürlich strukturiertes Papier, getrocknete Blätter, Samen und Hülsenfrüchte mit Drahtgeflechten, Siegelwachs und festlichen Dekorationen. Prägen Sie weihnachtliche Formen in einfaches Papier oder bedrucken Sie Ihre Geschenkanhänger passend zum Geschenkpapier.

Dekorative Details

ORIGINELLE FORMEN
Mit Bleistift gewünschte Form vorzeichnen und vorsichtig ausschneiden.

VERSTÄRKTE SCHLAUFENLÖCHER
Ein rundes Stück Karton auf den Anhänger kleben und durch beide Schichten ein Loch stanzen. An brauner Schnur aufhängen.

BORTE UND SIEGEL
Borte in warmes Siegelwachs tauchen. Auf den Geschenkanhänger legen und mit einem Nagelkopf versiegeln.

Getrocknete Mohnkapsel

Stempeldruck-Stechpalmenblatt

Goldborte und Siegelwachs

Drahtherz und verstärktes Schlaufenloch

Geprägter Vogel auf Wellpappe

Mit Goldstift umrandetes Blatt

Goldener Stern auf marmoriertem Papier mit quadratischem Schlaufenloch

Kartoffeldruck-Herz

Blatt aus Goldfolie

Geprägtes Herz mit herzförmigem Schlaufenloch

Geprägtes Blatt und dreieckiges Schlaufenloch

Getrocknete Hortensienblüte

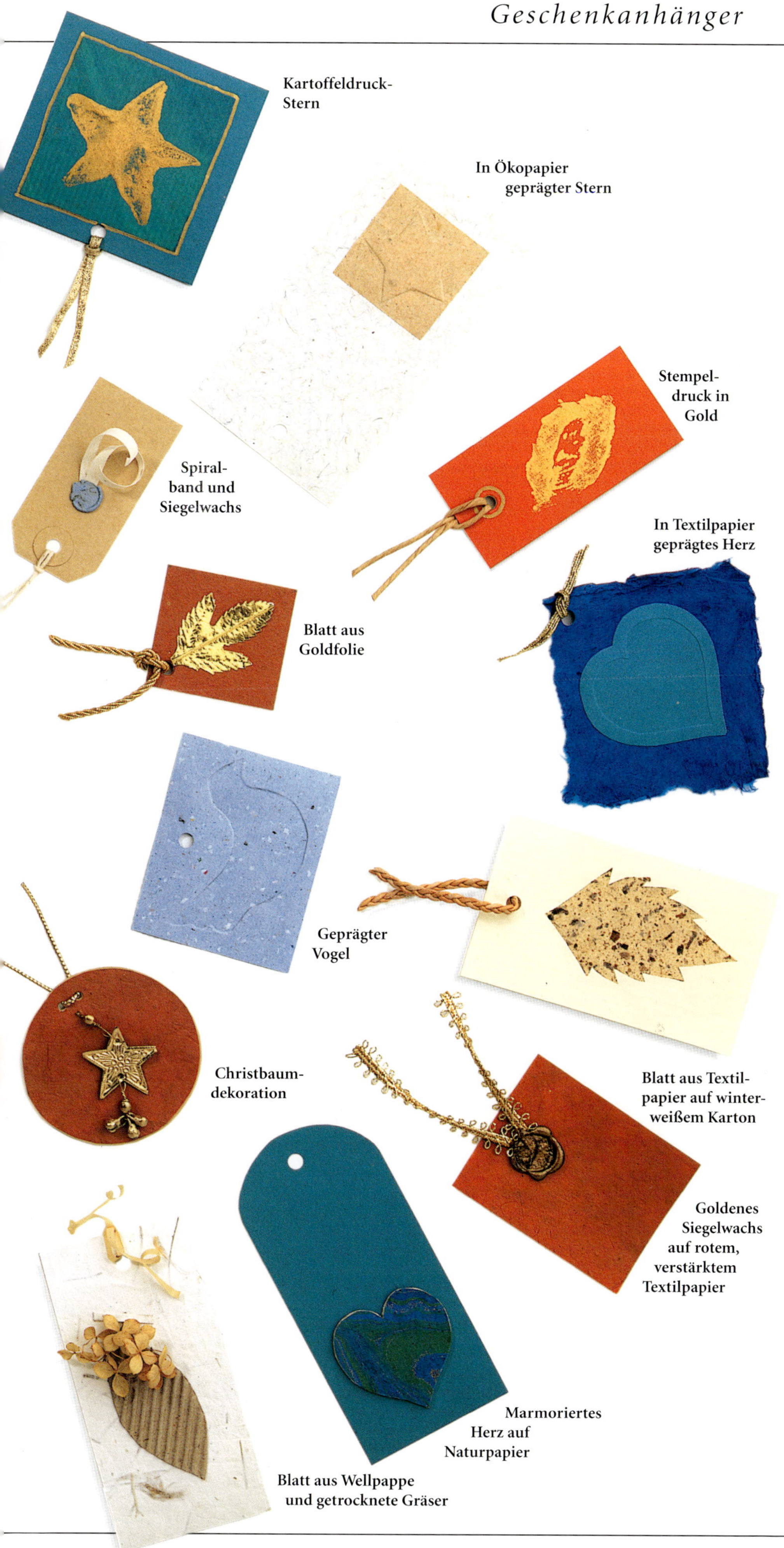

Kartoffeldruck-Stern

In Ökopapier geprägter Stern

Stempeldruck in Gold

Spiralband und Siegelwachs

In Textilpapier geprägtes Herz

Blatt aus Goldfolie

Geprägter Vogel

Christbaumdekoration

Blatt aus Textilpapier auf winterweißem Karton

Goldenes Siegelwachs auf rotem, verstärktem Textilpapier

Marmoriertes Herz auf Naturpapier

Blatt aus Wellpappe und getrocknete Gräser

PRÄGEDRUCK

Verschönern Sie einfache Geschenkanhänger mit einem geprägten Blatt

Sie brauchen

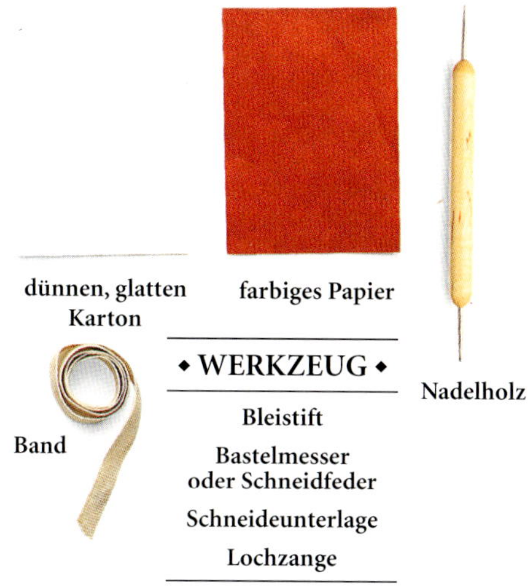

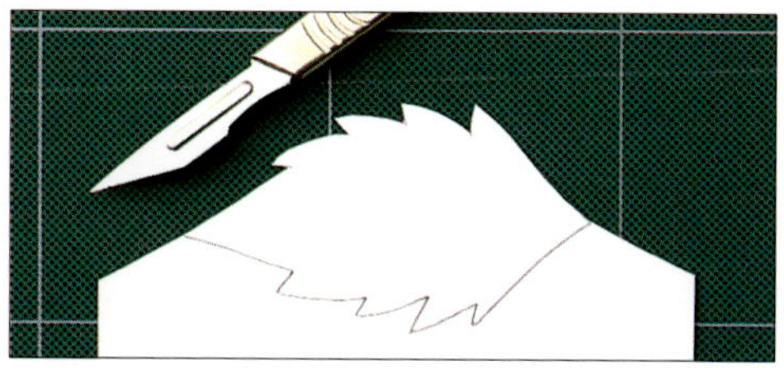

1 *Form auf dünnen Karton zeichnen und vorsichtig ausschneiden. Dicker Karton reißt beim Prägen leicht.*

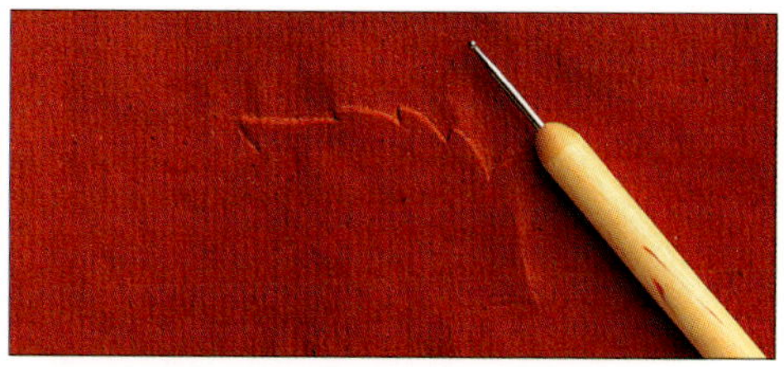

2 *Farbiges Papier über die Schablone legen und mit leichtem Druck das Nadelholz darüberrollen.*

3 *Das Papier zuschneiden und ein Loch stanzen oder schneiden. Band hindurchziehen und Schlaufe legen.*

WEIHNACHTSGRÜSSE

Das Besondere dieser originellen Weihnachtskarten liegt in ihrer Schlichtheit. Verwenden Sie ausgefallene Papierarten und Karten, hübsche Bänder und Borten, kleine Perlen und ähnliche Modeschmuckaccessoires sowie glitzernde Goldverzierungen für Ihre extravaganten Weihnachtsgrüße.

COLLAGEN
Festes rotes Papier mit Textilpapierstückchen dekorieren. Eine aufgeklebte Rosenknospe aus Goldband mit Randverstärkung gibt der Karte eine edle Note.

Selbstklebende Goldengelchen aus dem Papierwarenladen

SPIRALEN UND ENGEL
Ein Stück selbst gefärbtes Papier (siehe S. 101) auf eine kontrastreiche Karte aus Textilpapier kleben. Mit selbstklebenden Goldengelchen schmücken.

KARTE MIT GOLDENER SCHLEIFE
Goldborte und Goldschlaufe auf eine Karte aus Textilpapier kleben. Ein kleines Stück Goldmetallband über die obere Kante der Borte kleben, um ein Ausfransen zu verhindern.

BIJOU-SCHLEIFE
Goldborte zu einer Schleife legen und auf eine Karte kleben. Ein kleines Goldblatt in die Schleife stecken (siehe Karte in der Mitte).

RECYCLING-LOOK
Setzen Sie Kontraste mit Ökopapierresten, luxuriösen winterweißen Karten und kleinen Goldperlen.

KARTE MIT KORDEL
Ein Stück winterweißes Ökopapier auf braune Wellpappe kleben und mit einer Goldkordelschleife verzieren. Muster vorzeichnen und mit kleinen, aufgeklebten Goldperlen hervorheben.

HOLZFASERPAPIER
Papier mit Holzfaserung bedarf kaum weiterer Verschönerung. Kleben Sie lediglich ein Blatt aus brauner Wellpappe auf, um das Schlichte zu betonen.

PAPYRUS-EFFEKT
Papyrusreste auf eine gerippte, winterweiße Karte kleben. Zwei kleine Schlitze einritzen, Stiel eines Goldfolienblattes durchstecken und mit Klebestreifen fixieren.

GEMUSTERTES BLATT
Aus selbst gefärbtem Papier (siehe S. 101) ein Blatt ausschneiden und diagonal auf kontrastreiches, festes Papier oder Pappe kleben.

STANDBILDER

Außergewöhnliche Karten wie der geschmückte Weihnachtsbaum und das Schaf sind verblüffend einfach herzustellen. Verwenden Sie die Schablonen auf den Seiten 187–188. Ihrer Phantasie sind keine Grenzen gesetzt. Experimentieren Sie mit ausgefallenen Materialien, und basteln Sie individuelle Karten, die nicht nur Kinder, sondern auch Erwachsene bezaubern.

Sie brauchen

festes grünes und beiges Papier mit Holzfasern

grünen Blumendraht

winterweißes Geschenkband

braunes Geschenkband

kleine Glasperlen

◆ WERKZEUG ◆

Bleistift
Bastelmesser oder Schneidfeder
Schneideunterlage
Stahllineal
Schere
Klebstoff

WEIHNACHTSBAUM **Schablone auf S. 187**

1 *Schablone auf festes, grünes Papier übertragen und vorsichtig ausschneiden.*

2 *Karte umdrehen, entlang der Mittellinie leicht einritzen und falten.*

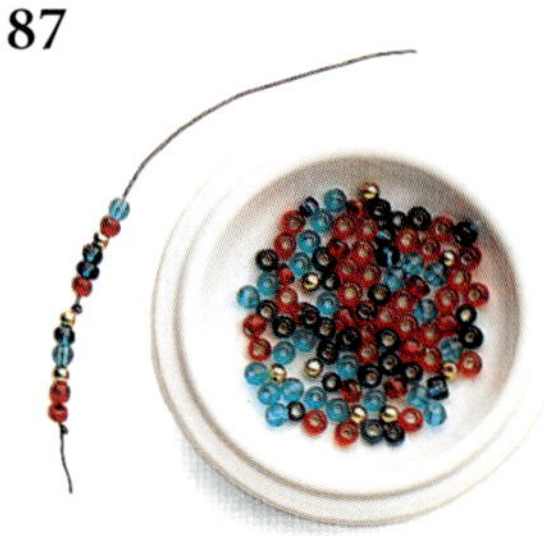

3 *Drei Drahtstücke für die Perlenschnüre abschneiden. Glasperlen auffädeln. Ab und zu kleine Schlaufen in den Draht legen.*

4 *Drei kleine Löcher in die Zweigenden bohren (siehe Abbildung). Drahtenden durchfädeln und auf der Rückseite zu Schlaufen legen.*

SCHAF **Schablone auf S. 188**

1 *Schablone auf beiges Papier übertragen, ausschneiden. Rückenlinie leicht einritzen.*

2 *Aus grobfasrigem Papier Schaffell ausschneiden und aufkleben. Entlang der Rückenlinie falten.*

3 *Geschenkband kräuseln und in kleinen Stücken auf das Fell kleben. Schwach gekräuseltes Stückchen als Horn und Glasperle als Auge aufkleben.*

O TANNENBAUM

Kinderaugen strahlen, wenn sie das Schaf oder den dekorierten Christbaum sehen.

Einladende Karten

Gestalten Sie Ihre ganz persönlichen Einladungen und Speisekarten. Verwenden Sie extravagantes Papier und schmücken Sie die Karten mit üppigen Satinkordeln und Silberbändern. Peppen sie schlichte Karten mit ausgefallenem Papier auf, oder schmücken Sie die Karten mit kleinen quadratischen Löchern und phantasievollen Silbernähten. Für Tischkärtchen basteln Sie alles eine Nummer kleiner.

Speisekarte **Sie brauchen**

Papier für die Einlage

Papier für die Karte

Band

◆ WERKZEUG ◆

Lineal
Schere
Bleistift
Bastelmesser oder Schneidfeder
Stahllineal
Schneideunterlage
Kreppklebestreifen

Nahtverzierte Karte

Karte auf gewünschte Größe zuschneiden, dann Silberfaden in die Nähmaschine einspannen und Zickzackstich-Einstellung wählen. Für ein dekoratives Spiralmuster aus silbern glitzernden Nähten Karte während des Nähens vorsichtig hin- und herschieben.

Durch zwei Schlitze im Rahmen gezogenes und zu einer Schleife gelegtes Band

Zickzackstiche mit silbernem Nähgarn

Durch zwei Schlitze im Wellpapperahmen gezogenes, silbernes Voileband

Die gekaufte Rahmenkarte wird mit einem Band dekoriert

*S*o entsteht die Speisekarte

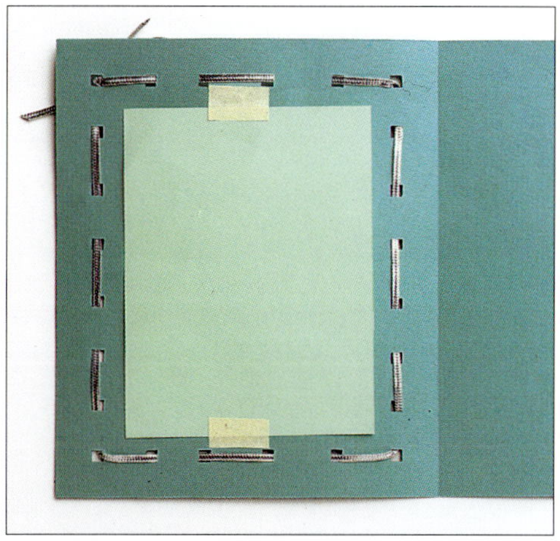

1 Papier oder Karton zuschneiden und in der Mitte falten. Öffnen und mit Bleistift Rahmen auf die Innenseite zeichnen. Kleine Quadrate entlang des Rahmens einzeichnen und ausschneiden.

2 Karte wieder falten und ein Band durch die kleinen Quadrate ziehen. Im rechten, oberen Eck Bandenden zu einer kleinen, dekorativen Schleife binden (siehe Abbildung).

3 Speisenfolge auf ein farblich abgestimmtes Stück Papier schreiben. Hinter den Rahmen legen und mit Kreppklebestreifen fixieren. Das Einlagenblatt kann nach Bedarf ausgetauscht werden.

IM HANDUMDREHEN FERTIG

Wenn die Zeit drängt, überkleben Sie gekaufte Rahmenkarten mit originellem Geschenkpapier und verwenden für die Löcher eine Lochzange statt das Bastelmesser.

Mit Geschenkpapier beklebte und mit einem Samtband geschmückte Karte

Selbst gefärbtes Papier mit rauher Oberfläche

Gemustertes Voileband auf einem gekauften Rahmen

Mit Zickzackstich verschönerter Rahmen

Um die Rahmenkanten gewundene Satinkordel

Durch Schlitze gezogene Silberborte

Nikolausstiefel

Ein kleines Geschenk, das aus dem Schaft eines farbenfrohen Nikolausstiefels hervorblitzt, bringt so manches kleine Kinderherz vor Freude zum Hüpfen. Geben Sie dem Stiefel eine zusätzlich weihnachtliche Note, indem Sie Knöpfe, Bänder, Motive aus Filz oder Perlenketten auf die Stulpe kleben oder nähen und mit einer Zackenschere die Kanten säubern.

Sie brauchen

silbernen Lurexstoff

Filz, 130 x 35 cm

passendes Nähgarn

Perlen

◆ WERKZEUG ◆

Packpapier
Bleistift
Schere
Stecknadeln
Nähmaschine oder Nadel und Faden
Zackenschere
Vlieseline
Textilkleber

So entsteht der Stiefel

SCHABLONE

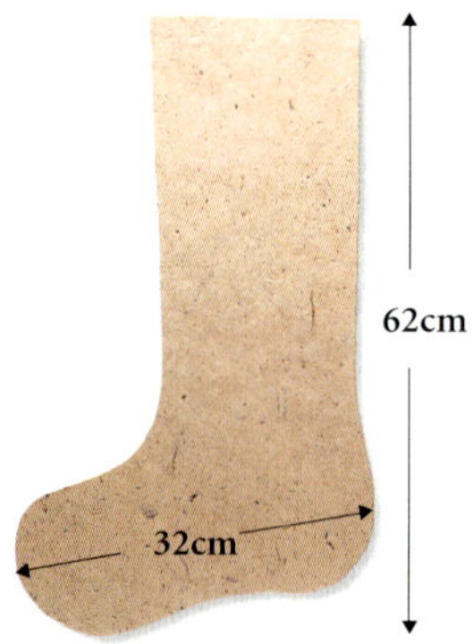

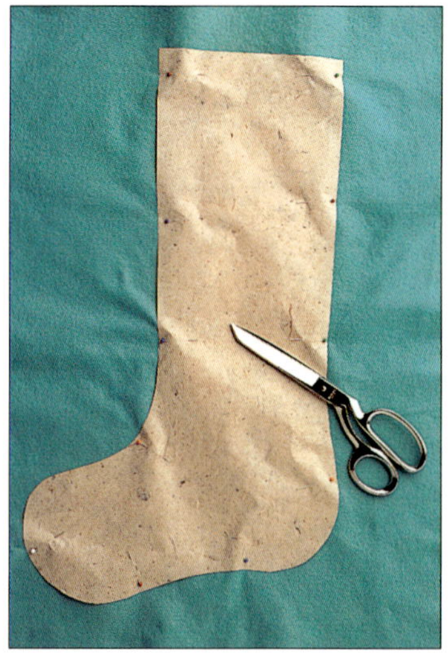

1 *Schablone auf Packpapier übertragen und ausschneiden. Filz doppelt legen, Schablone feststecken und ausschneiden.*

STERNENGLITZER
Lurexsterne auf grünen Filz kleben und mit Kunstperlen verzieren.

KLEINE SCHLEIFCHEN
Schleifen aus Silberband auf die Stulpe nähen und mit Kunstperlen verzieren.

BORTEN UND BÄNDER
Gemustertes Band, Papier- und Silberband mit kleinen Stichen an der Stulpe festnähen.

LIEBESHERZ
Aus knallrotem Filz ein kleines Herz ausschneiden und mit Textilkleber auf die Stiefelstulpe kleben.

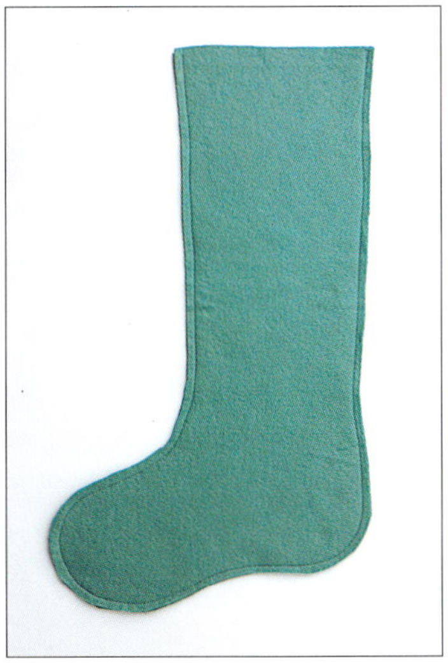

2 *Beide Teile mit kleiner Nahtzugabe zusammennähen, oben offen lassen.*

3 *Alle Kanten mit einer Zackenschere säubern.*

4 *Schaft nach außen stülpen. Sterne aus Silberlurexstoff ausschneiden und aufkleben. Falls der Lurexstoff ausfranst, mit Vlieseline unterlegen.*

5 *Kleinen Streifen aus einem Filzrest ausschneiden und in der Mitte falten. An der Innenseite der Stulpe als Schlaufe zum Aufhängen annähen.*

SCHNEEFLÖCKCHEN
Perlenschnur an die obere Kante nähen. Größere Perlen und Tropfengehänge mit kleinen Stichen auf der Stulpe befestigen.

KNÖPFE
Verschiedene Perlmutt- und Glasknöpfe wie zufällig auf die Stulpe nähen.

PERLENKETTE
Perlenkette zuschneiden und rund um die Stulpe eines Stiefelchens nähen.

FESTLICHE FILZBÄUME
Filzbäume in Töpfen auf die Strumpfstulpe kleben und mit Perlen verzieren.

SILBERBAND
Zwei rund um die Stulpe geklebte Silberbänder wirken schlicht und doch festlich.

Adventskalender für viele Jahre

Dieser entzückende Adventskalender aus Stoff hat 24 kleine, mit Applikationen verzierte Täschchen (siehe Schablonen S. 186–187). Füllen Sie die Täschchen mit kleinem Holzspielzeug, hübsch verpackten Süßigkeiten, Weihnachtskeksen oder mit Goldspray besprühten Nüssen und versüßen Sie so den lieben Kleinen die Wartezeit bis Weihnachten.

Sie brauchen

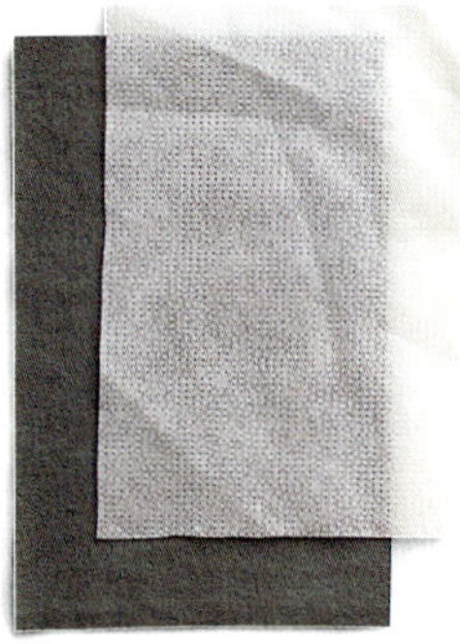

Filz, 106 x 45 cm
Vlieseline, 150 x 45 cm

Stoffreste

Glasperlen

2 Streifen Fransenkordel à 10 cm

Band

57 cm langes Holzstöckchen

82 cm Kordel

24 kleine Geschenke

◆ WERKZEUG ◆

- Lineal
- Schere
- Bügeleisen
- Stift
- Nähmaschine
- Nadel und Faden
- Textilkleber
- Stecknadeln

So entsteht der Adventskalender

1 *70 x 45 cm großes Stück Filz zuschneiden. Vlieseline aufbügeln. Am unteren Rand Zacken vorzeichnen und ausschneiden. Vom oberen Rand 3 cm umbiegen und abnähen (siehe Abbildung).*

2 *Vier 9 x 45 cm große Filzstreifen zuschneiden und quer über das Rechteck stecken. Die Streifen werden am unteren Rand und an den Längsseiten des Kalenders festgenäht, oben bleiben sie offen.*

3 *Streifen in sechs gleich große Taschen für die Geschenke unterteilen. Dazu wird der Adventskalender in Abständen von 7,5 cm durchgehend quer abgesteckt.*

4 *Stoff für Applikationen mit Vlieseline unterlegen, Zahlen zwischen 1 und 24 sowie weihnachtliche Motive ausschneiden, aufkleben und mit Bändern, Schleifen oder Glasperlen verzieren.*

5 *Fransenkordel zu Quasten rollen und annähen. Holzstab durch den oberen Rand des Kalenders ziehen und Kordel an den Enden befestigen. Den unteren Rand mit wattierten Applikationen schmücken.*

WEIHNACHTLICHE STOFFE *Tannengrüner Filz und karierte Leinenstoffe erinnern an Weihnachten auf dem Land.*

Zu kleinen Schleifen gelegte Bänder

Unteren Rand des Adventskalenders nach Belieben mit wattierten weihnachtlichen Applikationen verzieren

DIE FESTLICHE TAFEL

Ausgelassene Parties, extravagante Feste oder stimmungsvolle Abendessen mit Familie und Freunden gehören zu jedem Weihnachtsfest. Für gewöhnlich gibt es zumindest ein Festmahl, bei dem der Gestaltung der Tafel besonderes Augenmerk zukommt. Wollen Sie nicht auf vorhandene Dekorationen zurückgreifen, dann legen Sie Ihrem Tafelschmuck doch ein Motto zugrunde. Mit hübschen Kerzenarrangements, stilvollem Speisegeschirr, festlichen Tischtüchern und anderen Details zaubern Sie auch ein Fest für die Augen.

Die barocke Tafel

Auf diese in warmen, satten Gold- und Bordeauxtönen gehaltene Tafel gehört ein erlesenes Festmahl. Schwere Brokattischtücher, seidige Stoffservietten und edles Besteck mit Horngriffen harmonieren wunderbar mit schlichten Glasschalen und golden bemalten Weinkelchen. Ein festliches Lilienarrangement lenkt den Blick in die Mitte der Tafel, und kleine Beerensträußchen setzen zusätzliche Akzente.

Verzierte Glasschale **Sie brauchen**

Glasschale

Schwamm

rote Glasfarbe

goldene Glasfarbe

• WERKZEUG •

Spiritus
weiches Tuch
Pinsel
Schere
Farbschälchen

Bemalter Weinkelch **Sie brauchen**

Weinkelch

Goldkonturenfarbe

Schwamm

goldene Glasfarbe

• WERKZEUG •

Spiritus
weiches Tuch
Farbschälchen
Schere

EIN HAUCH VON LUXUS
Messingschalen mit Pralinen und Mandeln in Goldfolie füllen. Cremefarbene Kerzen in goldfarbene Holzkerzenhalter stecken und Servietten mit Goldperlenketten zusammenhalten.

Bemalte Glasschale

Glas wirkt besonders weihnachtlich, wenn man es in satten Rot- und Goldtönen bemalt. Verwenden Sie wasserfeste, ungiftige Farben und bemalen Sie nur jene Stellen, die nicht direkt mit Nahrung in Berührung kommen.

1 *Säubern Sie das Glas vor dem Bemalen gründlich mit einem in Spiritus getränkten Tuch.*

2 *Die unteren Hälften der Randdekorkugeln mit einem feinen Pinsel rot bemalen. Sollte Farbe auf die Schale klecksen, entfernen Sie sie noch vor dem Antrocknen.*

3 *Goldfarbe in ein flaches Schälchen füllen und ein kleines Stück Schwamm abschneiden.*

4 *Schwamm vorsichtig in Goldfarbe tauchen und die Unterseite der Schale betupfen. Trocknen lassen.*

BEMALTER WEINKELCH

Der mit goldfarbenen Schlangenlinien bemalte Kelch erinnert an traditionelle Goldfiligranarbeiten. Diesen edlen Effekt erzielen Sie, indem Sie Weinkelch und Tellerrand mit Goldkonturenfarbe direkt aus der Tube verzieren.

1 *Säubern Sie das Glas vor dem Bemalen gründlich mit einem in Spiritus getränkten Tuch.*

2 *Mit Goldkonturenfarbe Schlangenlinien auf den Kelch malen. Vorsichtig drücken, um Kleckse zu vermeiden.*

3 *Den Fuß des Glases ebenfalls mit zarten Linien verzieren und darauf achten, die Farbe nicht zu verschmieren.*

4 *Den Stiel des Glases mit Goldfarbe betupfen, dabei nach Punkt 4 auf Seite 126 vorgehen.*

Verzierter Glasteller

Eventuelle Fettreste mit einem in Spiritus getränkten, weichen Tuch entfernen. Den Tellerrand mit Goldkonturenfarbe passend zum Weinkelch verzieren.

DIE RUSTIKALE TAFEL

Die für diesen zeitgemäßen, naturverbundenen Stil verwendeten Materialien und erdigen Töne verleihen jedem Festmahl eine harmonische Atmosphäre. Decken Sie den Tisch mit edlen Messing- und weißen Porzellantellern, goldschimmernden Gläsern und Besteck mit Holzgriffen; schmücken Sie Tisch, Tischtuch und Servietten mit goldenem Eichenlaub.

BEDRUCKTES TISCHTUCH **Sie brauchen**

Blatt

Papier

Tischtuch

• WERKZEUG •

Bleistift
Schere
Küchenmesser
Pinsel
Küchenhandtuch

Kartoffel

goldene Textilfarbe

SERVIETTEN **Sie brauchen**

Eichenblätter

Papier

Goldkordel

• WERKZEUG •

Bleistift
Schere
Stift
Nadel und goldenen Faden
kleine Handarbeitsschere

Stoffserviette

DIE SCHÖNHEIT DER NATUR
Schmücken Sie Ihre Tafel mit Blättern, Zweigen und Zierkohl. Verzieren Sie die Stoffservietten mit Goldkordel und Eichenblättern. Überraschen Sie jeden Gast mit einem goldigen Schächtelchen neben seinem Gedeck.

Bedrucktes Tischtuch

Verwenden Sie ein Tischtuch mit Karo- oder Streifenmuster, um den Druck perfekt plazieren zu können. Ungemusterte Tücher lassen sich besser abstrakt bedrucken.

Die Form des zugeschnittenen Kartoffelstempels auf das Tischtuchmuster abstimmen, damit sich der Druck problemlos plazieren läßt

1 Getrocknetes oder frisches Blatt als Schablone verwenden, auf Papier nachziehen und ausschneiden.

2 Kartoffel halbieren, Schablone auf die Schnittfläche legen und mit einem Küchenmesser Blatt ausschnitzen.

3 Kartoffel in rechteckige Form bringen und kleine Details wie etwa eine Blattader herausarbeiten.

4 Goldfarbe auf das Blatt auftragen, herausgearbeitete Details aussparen.

5 Küchenhandtuch unter das Tischtuch legen. Äußere Form der Kartoffel dem Tischtuchmuster anpassen und das Tischtuch bedrucken.

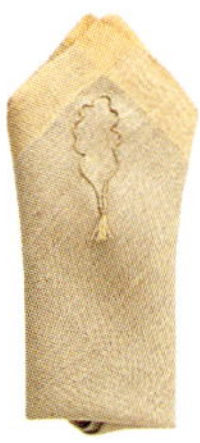

Bestickte Serviette

Nehmen Sie das Blattmotiv bei den Servietten wieder auf. Deuten Sie mit einer Goldkordel ein Eichenblatt an, dekorieren Sie die Servietten mit Eichenblättern und halten Sie sie mit Goldkordel zusammen.

1 Passendes Blatt als Schablone verwenden, Umriß nachziehen und ausschneiden (Seite 130, Schritt 1).

2 Umriß auf die Serviette übertragen, Goldkordel in der entsprechenden Länge abscheiden.

Enden der Goldkordel mit Hilfe einer Handarbeitsschere zu Quasten auflösen

Kordel mit Goldfaden in winzig kleinen Stichen festnähen

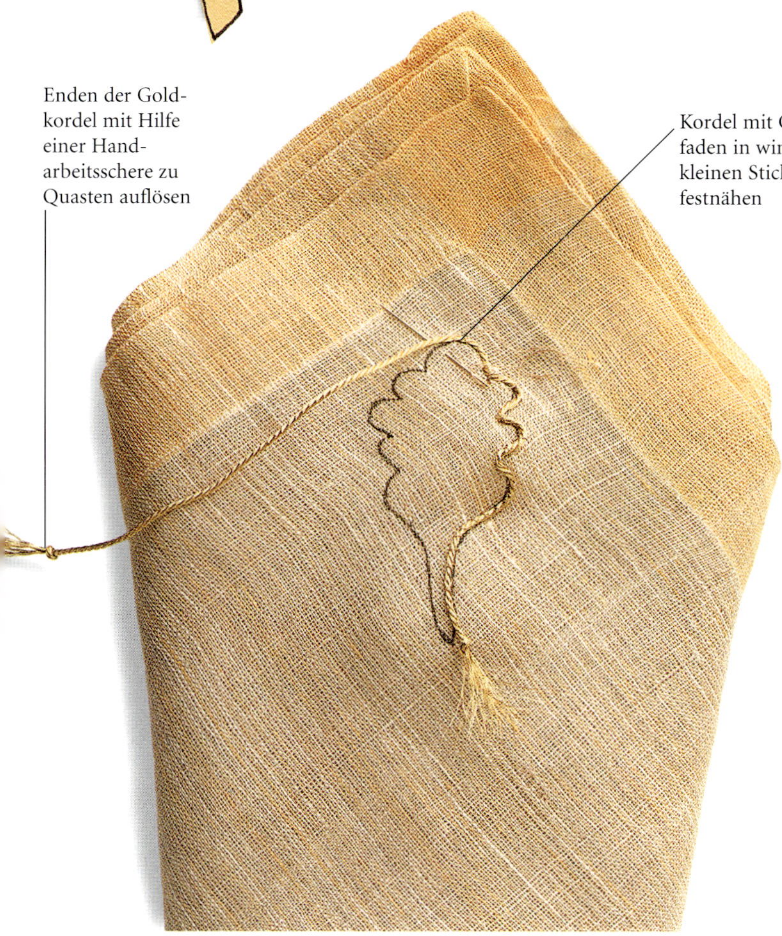

3 Kordelenden verknoten und zu Quasten auflösen. Kordel mit einem Goldfaden in winzigen Stichen aufnähen.

4 Am Blattstiel angelangt, werden die Kordelenden mit einigen Stichen verbunden und die Quasten glattgestrichen.

DIE SPANISCHE TAFEL

Diese farbenfrohe Tafel bringt Stimmung in jede Weihnachtsparty. Teller und Schüsseln in den leuchtendsten Farben schmücken ein gewebtes Seidentischtuch, während Servietten aus irisierendem Organza, farbige Gläser und Besteck mit durchscheinenden, gelben Griffen einen wunderbaren Kontrast zu den kräftigen Farben bilden.

PAPPTELLER **Sie brauchen**

kleinen Pappteller

5 Bögen farbiges Seidenpapier

Tapetenkleister

ungiftige Glasur auf Wasserbasis

◆ WERKZEUG ◆

Schale zum Anrühren
Löffel zum Anrühren
breiten Malerpinsel
mittleren Malerpinsel

PAPPMACHÉSCHALE **Sie brauchen**

Porzellanschale

weißes Papier

10 Bögen farbiges Seidenpapier

◆ WERKZEUG ◆

Schale zum Anrühren
Frischhaltefolie
Löffel zum Anrühren
Schere
breiten Malerpinsel
mittleren Malerpinsel

Tapetenkleister

ungiftige Glasur auf Wasserbasis

ESSBARE DEKORATION

Arrangieren Sie farbenfrohe Chilischoten, Zierkürbisse, Kumquats und Limetten in bunten Schüsseln und Schalen.

PAPPTELLER EINMAL ANDERS

Bekleben Sie Pappteller mit Seidenpapier in aufeinander abgestimmten leuchtenden Farben. Wenn Sie die Teller mit ungiftiger Glasur bestreichen, können Sie sie unbesorgt für trockene Speisen verwenden.

1 *Tapetenkleister laut Packungsanleitung anrühren und Seidenpapier in 2,5 cm breite Streifen reißen.*

2 *Seidenpapierstreifen in gleicher Richtung und leicht überlappend mit Tapetenkleister auf den Teller streichen.*

3 *Eine zweite Schicht Seidenpapierstreifen in entgegengesetzte Richtung aufpinseln.*

4 *Teller trocknen lassen. Unterseite ebenfalls mit Streifen bekleben und den Teller glasieren.*

Serviettenringe

Mit Tapetenkleister bestrichene Seidenpapierstreifen rund um Serviettenringe winden, bis keine freie Stelle mehr bleibt. Langsam trocknen lassen, damit sich der Ring nicht verformt. Abschließend glasieren.

Pappmachéschüssel

Pappmaché eignet sich besonders gut zur Herstellung farbenfroher Schüsseln für kleine Knabbereien. Damit die erste Schicht Papier nicht mit der in Folie gehüllten Schüssel verklebt, sollte sie mit Wasser anstatt mit Kleister fixiert werden.

Papierstreifen kreuz und quer kleben, damit die Schüssel stabiler wird

1 *Frischhaltefolie um die Porzellanschüssel wickeln. Tapetenkleister laut Packungsanleitung anrühren. Weißes Papier und Seidenpapier in 2,5 cm breite lange Streifen reißen.*

2 *Porzellanschüssel umdrehen. Weiße Papierstreifen in Wasser und nicht in Tapetenkleister tauchen und sie leicht überlappend in eine Richtung über die Unterseite der Schüssel kleben.*

3 *Sobald die Schüssel mit weißem Papier bedeckt ist, mit Tapetenkleister eine zweite Schicht entgegengesetzt kleben. Mit breitem Malerpinsel glätten und trocknen lassen.*

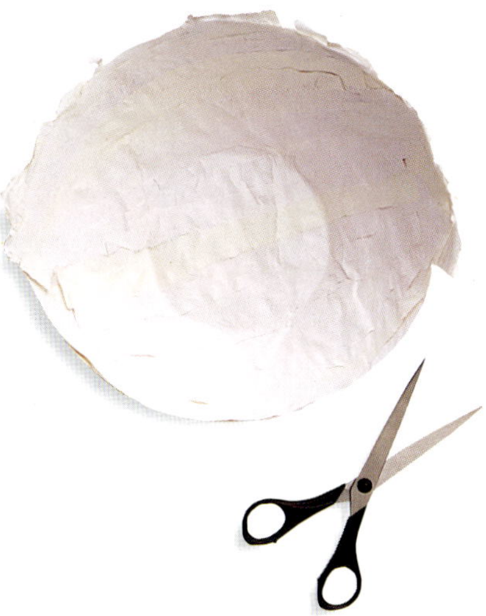

4 *Nach dem Trocknen die Porzellanschüssel entfernen und den Rand der Schale mit einer Schere säubern.*

5 *Pappmachéschüssel innen und außen mit Seidenpapierstreifen bekleben (nach Schritt 2 und 3 auf Seite 134).*

6 *Schüssel trocknen lassen und innen glasieren. Abermals trocknen lassen, wenden und außen glasieren.*

DIE MODERNE TAFEL

Eine flott und zeitgemäß dekorierte Tafel in Silber- und Pastelltönen bietet das optimale Ambiente für den Rutsch ins Neue Jahr. Ein Tischtuch aus blaßgelbem Twist läßt die Seidenservietten in ihren sternförmigen Serviettenringen besser zur Geltung kommen. Pinkfarbene Gerberablüten mit silbernen Sternenkragen bringen Wärme in die nüchterne Atmosphäre.

KERZENARRANGEMENT **Sie brauchen**

Papier

silberfarbene Wellpappe, 42 x 23 cm

5 cm hohe Kerzen mit 3,5 cm Durchmesser

◆ WERKZEUG ◆

Lineal
Bleistift
Schere
Klebstoff
Zündhölzer

STERNENKRAGEN **Sie brauchen**

silberfarbene Wellpappe

◆ WERKZEUG ◆

Bleistift
Lineal
Bastelmesser oder Schneidfeder
Stahllineal

Blume

Wasserglas

LICHTREFLEXE
Mandeln in Silberfolie und ein Kerzenarrangement aus silberfarbener Wellpappe bringen zusätzliche Glitzereffekte.

Kerzenarrangement

Dieses schlichte Kerzenarrangement reflektiert das Licht in alle Richtungen. Der Trennstreifen sollte nicht höher sein als die Blockkerzen, damit die Konstruktion möglichst stabil bleibt.

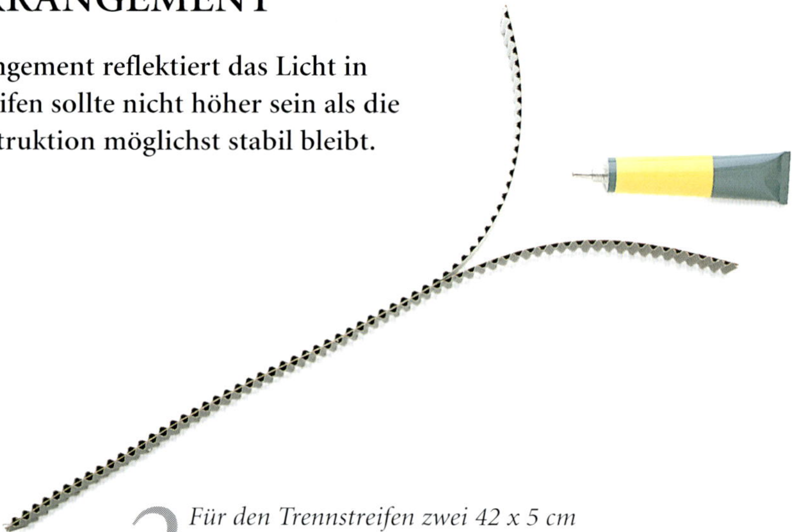

1 Aus silberfarbener Wellpappe 37 x 13 cm großes Rechteck für den Boden zuschneiden.

2 Für den Trennstreifen zwei 42 x 5 cm große silberfarbene Wellpappestreifen ausschneiden und an den glatten Seiten zusammenkleben. So entsteht ein beidseitig silberner Trennstreifen.

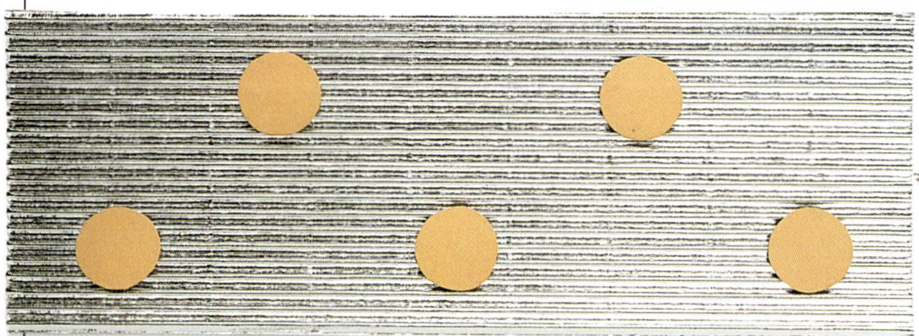

3 Aus Papier fünf Kreise im Kerzendurchmesser ausschneiden und als Kerzenplatzhalter auf den Boden kleben.

4 Trennstreifen mit starkem Klebstoff schlangenlinienförmig zwischen den Papierkreisen aufkleben.

5 Blockkerzen auf die Platzhalter stellen und stets austauschen, bevor sie ganz abgebrannt sind.

STERNENKRAGEN

Ein sternförmiger Kragen läßt das Pink der Blüte noch kräftiger leuchten. Verwenden Sie ein der Größe der Blume entsprechendes Glas und achten Sie darauf, daß die Blütenmanschette über den Rand des Glases hinausragt.

1 Stern auf die Rückseite silberfarbener Wellpappe übertragen. In die Mitte einen Kreis für den Blumenstiel einzeichnen.

2 Zum Ausschneiden Bastelmesser oder Schneidfeder und ein Stahllineal verwenden.

3 Glas mit Wasser füllen und den Stern auf den Glasrand legen.

4 Blumenstiel durch das Loch fädeln und gegebenenfalls kürzen.

DIE SCHOTTISCHE TAFEL

Mit einer schottischen Tafel in dunklem Grün und sattem Rot schaffen Sie eine gediegene Atmosphäre für ein klassisches Weihnachts- oder Silvesteressen. Rote Kerzen werfen ein heimeliges Licht über das weiche Chenilletischtuch und das übrige grün-rote Ambiente. Dazu gibt es bei jedem Gedeck ein selbstgemachtes, in Schottenkaro gewickeltes Knallbonbon.

KNALLBONBONS **Sie brauchen**

einen Bogen kariertes Geschenkpapier

25 x 25 cm festes Papier

Geschenk

Papierhut

Knallstreifen

117 cm Band

sternförmiger Geschenkanhänger

◆ WERKZEUG ◆

Bleistift
Lineal
Schere
Klebestreifen
Klebstoff
brauner Karton
Schnur

BLÄTTER UND BEEREN
Greifen Sie das festliche Grün, Rot und Gold in einem Tischgesteck aus Immergrün und glänzenden roten und goldenen Kugeln auf.

Knallbonbon

Geben Sie Ihren selbstgemachten Weihnachtsknallbonbons in Schottenkaro eine besondere Note, indem Sie ein liebevoll ausgewähltes Geschenk darin verstecken. Verwenden Sie festes Geschenkpapier, das auch beim Abbinden in Form bleibt.

1 *45 x 23,5 cm großes Rechteck auf Geschenkpapier vorzeichnen und ausschneiden.*

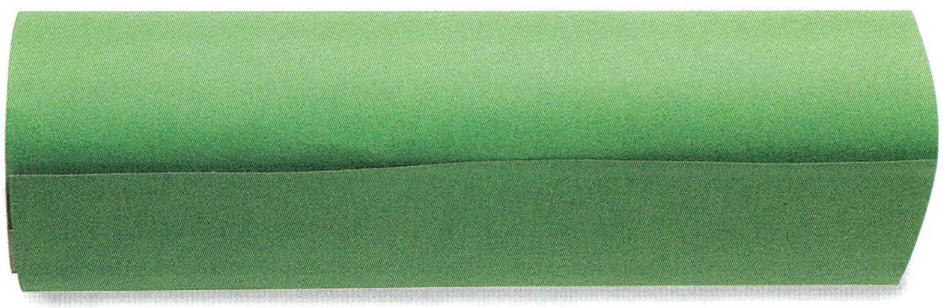

2 *20 x 20 cm großes Quadrat aus festem Papier ausschneiden und einrollen, mit Klebestreifen fixieren.*

3 *Papierrolle auf das Geschenkpapier legen. Knallstreifen, Geschenk und Papierhut in die Rolle stecken.*

4 *Papierrolle in Geschenkpapier einrollen und mit Klebestreifen oder Klebstoff fixieren.*

5 *Ein Stück braunen Karton etwas enger als das Knallbonbon aufrollen, kleben und in ein Ende des Knallbonbons schieben.*

6 *Knallbonbon mit einer Schnur an der Stelle, wo die beiden Rollen aufeinandertreffen, abbinden. Schnur vorsichtig fester ziehen, ohne das Geschenkpapier zu knicken.*

7 *Schnur durch eine Schleife ersetzen. Arbeitsschritt 6 auf der anderen Seite des Knallbonbons wiederholen.*

Glitzernde Sterne eignen sich ideal als Geschenkanhänger für die Knallbonbons

Beim Binden der Schleifen darf das Papier nicht reißen

8 *Auch an diesem Ende die Schnur mit einer Schleife ersetzen. Eine dritte Schleife in die Mitte kleben und Geschenkanhänger daran befestigen.*

Weihnachtliche Genüsse

Was wäre Weihnachten ohne das traditionelle Festessen und den Duft von Weihnachtskeksen? Tradition ist Tradition. Aber warum genießen Sie nicht auch einmal die kulinarischen Weihnachtsbräuche anderer Länder? Reichen Sie köstliche französische Austerntörtchen als Vorspeise, ersetzen Sie den Weihnachtskarpfen durch Wild oder Truthahn und schließen Sie das Festmahl mit Christmas-Pudding oder Pavlova. Selbst Vegetarier müssen auf weihnachtliche Genüsse nicht verzichten: Bedienen Sie sich am Festtisch der fleischlosen Spezialitäten.

Vorspeisen

Beginnen Sie mit einer Vorspeise, die optimal auf die Menüfolge abgestimmt ist. Wählen Sie eine wärmende Suppe mit Nudel- oder Klößcheneinlage, köstliche Salate mit Rohschinken oder mariniertem Lachs, verlockende Austerntörtchen und Räucherlachstäschchen. Wenn die Zeit drängt, servieren Sie Ihren Lieben Prosciutto mit Feigen und Melone oder eine vorbereitete Helle Pâté. Und schon bringen Sie einen Hauch von Luxus und Exotik in Ihr Weihnachtsmahl.

Helle Pâté

Zutaten

Butter zum Einfetten
375 g zerkleinerter Schweinebauch
250 g zerkleinerte Hühnerbrust
2 gehackte Zwiebeln
2 Knoblauchzehen
60 g Weißbrot
4 EL Weißwein
2 Eier
150 ml saure Sahne
Salz und schwarzer Pfeffer
1 TL gemahlene Muskatblüte
4 rote Äpfel
2 EL Zitronensaft
gemahlener Piment
rote Paprikastreifen und Brunnenkresse zum Verzieren

Abbildung unten

Die Helle Pâté ist ein Beispiel der berühmten französischen Pastetenküche. Sie wird aus hellem Fleisch zubereitet, kräftig mit Knoblauch und anderen Gewürzen abgeschmeckt und schliesslich zu einer Wurst geformt oder als Pastete serviert.

6 Portionen

1 Backofen auf 180 °C/Gas Stufe 4 vorheizen. 6 kleine Auflaufförmchen einfetten.

2 Schweine- und Hühnerfleisch, Zwiebeln, Knoblauch und Weißbrot durch den Fleischwolf drehen, bis eine glatte Masse entsteht. Wein, Eier, saure Sahne, Salz, Pfeffer und gemahlene Muskatblüte hinzufügen und gut durchmischen.

3 Pastetenförmchen mit der Masse füllen und glattstreichen. Mit Alufolie abdecken und in ein Wasserbad stellen.

4 50 – 60 Minuten backen, bis die Masse stockt. Pasteten aus der Form nehmen, Alufolie entfernen und abkühlen lassen.

5 Äpfel entkernen und in dünne Scheiben schneiden. Mit Zitronensaft beträufeln und mit Piment bestreuen. Auf Alufolie legen und 20 Minuten backen. Abkühlen lassen.

6 Pasteten auf Teller stürzen und mit dünnen roten Paprikastreifen und Brunnenkresse garnieren. Mit Apfelscheiben und getoastetem Brot servieren.

Räucherlachstäschchen
(Rezept S. 148)

Helle Pâté

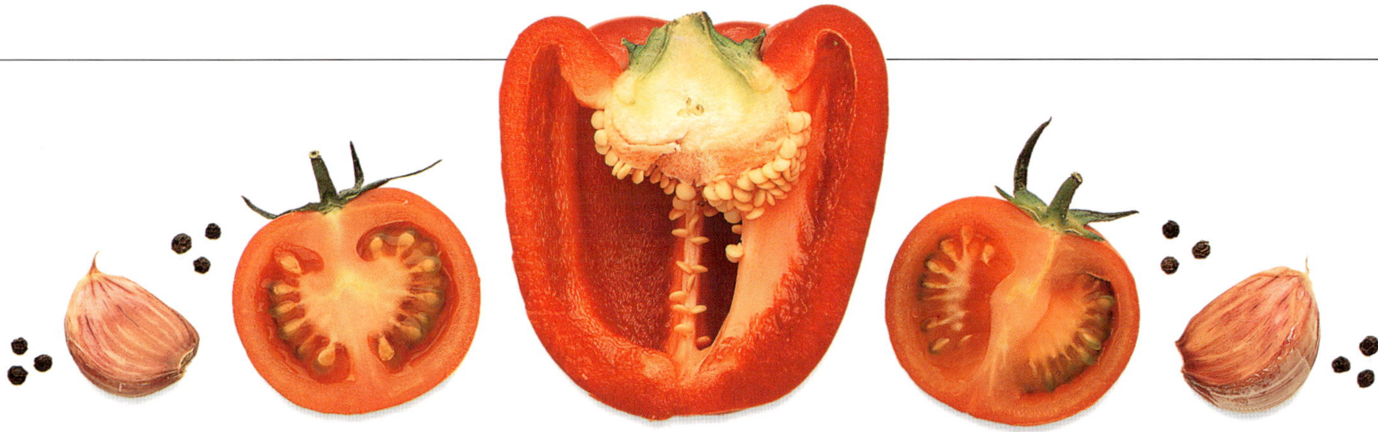

Tomatensuppe mit rotem Paprika

Zutaten

3 rote Paprika, halbiert und entkernt
1 kg reife Tomaten, halbiert und entkernt
2 rote Zwiebeln, geviertelt
2 geschälte Knoblauchzehen
2 EL Tomatenmark
1,25 l Gemüsebrühe
Salz und schwarzer Pfeffer
3 EL saure Sahne
für die Garnitur blattförmige Croûtons aus einem in Butter geröstetem Toastbrot ausstechen

Abbildung S. 147

Angeröstete süsse rote Paprika verleihen dieser Suppe intensiven Geschmack und kräftige Farbe.

6 Portionen

1 Backofen auf 200 °C/Gas Stufe 6 vorheizen. Paprika, Tomaten, Zwiebeln und Knoblauch in eine ofenfeste Form geben und für 15–20 Minuten in den Backofen schieben, bis sich die Haut der Paprika abzulösen beginnt.

2 Etwas abkühlen lassen, die Haut der Paprika, Tomaten und Zwiebeln abziehen und mit Knoblauch, Tomatenmark und 150 ml Gemüsebrühe fein pürieren.

3 Gemüsemasse in einen großen Topf geben und restliche Brühe sowie Salz und Pfeffer hinzufügen. Aufkochen und 15 Minuten ziehen lassen.

4 Suppe abschmecken. Auf Suppenteller aufteilen und mit einem Klecks saurer Sahne und blattförmigen Croûtons garnieren.

Weihnachtssuppe

Zutaten

Champignonsuppe
90 g getrocknete Champignons oder 250 g frische Champignons, klein gehackt
1 Lorbeerblatt
900 ml kochendes Wasser

Rote Bete-Suppe
1 kg kleine Rote Bete, geschält und gehackt oder gerieben
1 l kaltes Wasser
150 ml Rotwein
½ TL Salz
schwarzer Pfeffer
frische Rosmarinzweige zum Garnieren

Klösschen
60 g Butter
1 Zwiebel, feingehackt
1 TL frischgehackter Majoran
1 EL Paniermehl
Salz und schwarzer Pfeffer
125 g Mehl
1 TL Salz
1 Ei
2–3 TL kaltes Wasser

Abbildung S. 147

Der 24. Dezember ist in Polen ein Fasttag, an dem kein Fleisch auf den Tisch kommt, dafür aber ein reichhaltiges Angebot an Suppen, Nudeln, Fisch und Süssspeisen. Die Rote Bete-Suppe wird mit einer Nudeleinlage, die man in Polen »Öhrchen« nennt, serviert.

6 Portionen

1 Champignons, Lorbeerblatt und Wasser in einen Topf geben. Getrocknete Champignons 2 Stunden einweichen lassen.

2 Aufkochen und unbedeckt 45–50 Minuten köcheln lassen, bis die Flüssigkeit auf 150 ml reduziert ist. Brühe durch ein Sieb in eine Schüssel gießen. Champignons mit dem Sieb auffangen.

3 Inzwischen Rote Bete und Wasser zum Kochen bringen. Abdecken und 30 Minuten köcheln lassen, bis die Rote Bete weichgekocht ist. Wein, Salz und Pfeffer hinzufügen und weitere 10 Minuten kochen lassen. Rote Bete-Suppe ebenfalls durch ein Sieb in eine Schüssel seihen.

4 Für die Klößchen Butter schmelzen und Zwiebel darin glasig werden lassen. Majoran und Champignons unterrühren und kochen lassen, bis die Flüssigkeit verdampft ist. Die Zwiebel-Champignon-Masse vom Feuer nehmen und Paniermehl einrühren. Abschmecken und auskühlen lassen.

5 Mehl, Salz, Ei und Wasser zu einem weichen Teig verarbeiten.

6 Teig auf leicht bemehlter Arbeitsplatte sehr dünn zu einem Quadrat ausrollen und in etwa 3,5 x 3,5 cm große Quadrate schneiden. Mit feuchtem Tuch abdecken, damit der Teig nicht austrocknet. Teigreste verkneten, erneut ausrollen und in Quadrate schneiden.

7 Einen Teelöffel Champignonfülle in die Mitte jedes Quadrats setzen und mit dem feuchten Tuch wieder zudecken. Quadrate diagonal falten und an den Kanten gut festdrücken. Die beiden langen Spitzen der Teigdreiecke übereinanderschlagen und festdrücken. Auf eine bemehlte Fläche legen. Teig reicht für etwa 70 Klößchen.

8 Klößchen in Partien in Salzwasser etwa 5 Minuten kochen und abtropfen lassen. Auf einem warmen, mit Folie abgedeckten Teller warm halten.

9 Rote Bete- und Champignonsuppe in einen Topf gießen und zum Kochen bringen. Abschmecken. Warme Suppenteller mit einigen Klößchen füllen und Suppe darüber gießen. Mit Rosmarinzweigen garnieren.

Hauptgerichte

Jedes Land hat seine ureigenen Traditionen, Weihnachten zu feiern, besonders was das Essen angeht. In Großbritannien und Amerika etwa darf der Truthahn beim Festmahl nicht fehlen, während man in anderen Ländern Fisch oder Wild auf den Weihnachtstisch bringt. In der Provence hat der Kabeljau als Fastenspeise am Weihnachtsabend Tradition. Auch Vegetarier kommen während der Feiertage auf ihre kulinarischen Kosten: beispielsweise mit der würzigen Kräuter-Nuß-Roulade im Teigmantel oder dem mit Pilzen und Quark gefüllten russischen Brot.

Kräuter-Nuss-Roulade im Teigmantel

Zutaten

200 g Strudelteig
90 g geschmolzene Butter
verquirltes Ei zum Bestreichen
Klementinenschalen mit Preiselbeersauce (siehe S. 158)
Heidelbeeren und Rosmarinzweige zum Garnieren

Nussfülle

2 EL Pflanzenöl
2 Zwiebeln, feingehackt
2 EL frischgehackte Petersilie
250 g Paranüsse, feingehackt
250 g Eßkastanien, geschält und feingehackt
250 g Vollkornpaniermehl
geriebene Schale und Saft einer Orange
Salz und schwarzer Pfeffer
2 Eier

Gemüsefülle

2 rote Paprika, halbiert und entkernt
2 gelbe Paprika, halbiert und entkernt
1 EL Pflanzenöl
375 g Zucchini, in dünne Scheiben geschnitten
2 EL gehackter frischer Oregano

Diese Roulade in knusprigem Strudelteig mit einer saftigen, schmackhaften Nussfülle und leicht angebratenen Paprika und Zucchini wird heiss oder kalt serviert und ist eine Gaumenfreude für jeden Vegetarier.

6 – 8 Portionen

1 Backofen auf 200 °C/Gas Stufe 6 vorheizen. Für die Nußfülle Öl erhitzen, Zwiebeln hinzufügen und 2 – 3 Minuten anschwitzen lassen. In eine große Schüssel geben und Petersilie, Nüsse, Eßkastanien, Paniermehl, Orangenschale und -saft, Salz und Pfeffer hinzufügen und gut verrühren. Eier untermischen und eine Kugel formen. Die Mischung abkühlen lassen.

2 Für die Gemüsefülle Paprikahälften mit der Schnittfläche nach unten auf ein Backblech legen und für 10 – 15 Minuten in den Backofen schieben, bis die Paprikahaut Blasen wirft. Abkühlen lassen und schälen.

3 Öl erhitzen und Zucchinischeiben und Oregano darin 2 – 3 Minuten unter gelegentlichem Umrühren anbraten und abkühlen lassen.

4 Backblech mit Backpapier auslegen und die Nußmischung (etwa 30 x 25 cm) gleichmäßig aufstreichen.

5 Gemüsefülle über der Nußfülle verteilen und mit Hilfe des Backpapiers die Mischung zu einer länglichen Rolle formen.

6 Ein weiteres Backblech mit Backpapier belegen, Teigblätter leicht überlappend darauflegen, bis etwas mehr als 30 x 25 cm ausgelegt sind. Gegebenenfalls mehrere Teigschichten übereinander legen. Zwischen die einzelnen Schichten Butter streichen.

7 Nußrolle in das Teigrechteck einschlagen, Ränder mit Wasser bestreichen und festdrücken. Den Teig mit geschmolzener Butter bestreichen.

8 Aus Teigresten kleine Blätter zum Dekorieren ausstechen und damit die Rolle garnieren. 20 – 30 Minuten backen und die Roulade, sobald sie hellbraun wird, mit Backpapier abdecken.

9 Leicht abgekühlt die Roulade auf eine vorgewärmte Servierplatte legen und mit Preiselbeersauce und Heidelbeeren in Klementinenschalen sowie mit Rosmarinzweigen garnieren.

Gebackene Auberginen mit Feta-Käse & Kräutern

Zutaten

3 Auberginen, der Länge nach halbiert
2 rote Paprika, halbiert und entkernt
2 Zucchini, der Länge nach halbiert
1 Zwiebel, geviertelt
2 zerdrückte Knoblauchzehen
375 g Tomaten, halbiert
3 EL Olivenöl
Salz und schwarzer Pfeffer
je 1 EL gehackte Petersilie, gehacktes Basilikum und gehackter Oregano
60 g Paniermehl
1 Ei
200 g Feta-Käse, in Scheiben geschnitten
frische Kräuter zum Garnieren

Saftige Schichten Gemüse, Kräuter und Feta-Käse in dunkel glänzenden Auberginenhälften.

6 Portionen

1 Backofen auf 200 °C/Gas Stufe 6 vorheizen. Auberginen, Paprika, Zucchini, Zwiebel, Knoblauch und Tomaten auf ein Backblech legen und mit einer Mischung aus 2 EL Öl, Salz und Pfeffer bestreichen. Für 15–20 Minuten in den Ofen schieben. Herausnehmen und den Ofen auf 180 °C/Gas Stufe 4 zurückdrehen.

2 Auberginenhälften vorsichtig aushöhlen. Achten Sie darauf, daß die Schale nicht verletzt wird. Paprika schälen, Tomaten ebenfalls schälen und entkernen. Gemüse klein schneiden und gründlich mit Kräutern, Paniermehl und Ei vermischen.

3 Eine 1,5 l fassende Form mit Öl ausstreichen, Auberginen auflegen.

4 Feta-Scheiben und Gemüse in sechs Lagen abwechselnd in die Auflaufform füllen.

5 Mit Alufolie abdecken und in ein Wasserbad stellen.

6 Etwa 45 Minuten backen, bis die Masse stockt. 15 Minuten auskühlen lassen und dann auf eine vorgewärmte Anrichteplatte stürzen. Mit Kräutern garnieren.

Pilzbrot

Zutaten

Hefeteig

500 g Mehl, etwas zusätzliches Mehl zum Bemehlen
1 TL Salz
2 Päckchen Trockenhefe
175 ml warme Milch
2 verquirlte Eier
125 g weiche Butter, zusätzliche Butter zum Einfetten
1 Eigelb
1 EL Wasser

Fülle

2 EL Olivenöl
2 zerdrückte Knoblauchzehen
2 Schalotten, in Ringe geschnitten
500 g gehackte Pilze
1 EL gehackte Petersilie
1 EL gehackter Koriander
Salz und schwarzer Pfeffer
1 EL Mehl
150 ml Weißwein
500 g Magerquark

Seit Jahrhunderten wird die Ukraine als »Kornkammer Europas« bezeichnet. Die fruchtbare Erde eignet sich optimal für den Getreideanbau, und dies spiegelt sich auch in einem reichhaltigen Angebot verschiedener Brotsorten in unterschiedlichsten Formen.

6 Portionen

1 Mehl und Salz in eine Schüssel sieben, Hefe, Milch und Eier hinzufügen. Mit einem Holzlöffel zu einem weichen Teig mischen und dann 5–8 Minuten mit der Hand oder 2–3 Minuten mit einem Handmixer schlagen, bis der Teig geschmeidig und glatt ist.

2 Butter schaumig schlagen und in kleinen Portionen zum Teig geben, stets gut verkneten. Bei Verwendung eines Handmixers auf niedrigster Stufe rühren.

3 Teig mit Frischhaltefolie abdecken und an einem warmen Ort 1–2 Stunden gehen lassen, bis der Teig die doppelte Größe erreicht hat. Eine 23 cm große Brotform mit geschmolzener Butter ausstreichen. Eigelb und Wasser zum Bestreichen verquirlen.

4 Für die Fülle Öl erhitzen, Knoblauch und Schalotten zufügen und anschwitzen. Pilze einrühren und etwa 3 Minuten dünsten, danach Kräuter, Salz und Pfeffer hinzufügen.

5 Mehl und Wein in die Pfanne geben und zum Kochen bringen, etwa 1 Minute köcheln lassen. Vom Feuer nehmen und abkühlen lassen.

6 Teig auf einer bemehlten Arbeitsfläche nochmals gut durchkneten und zu einem Kreis von 40 cm Durchmesser ausrollen. Backform mit dem Teig auslegen und gut festdrücken. Teig über den Rand der Form hängen lassen.

7 Boden der mit Teig ausgelegten Form mit Quark bestreichen, darüber eine Schicht Pilze legen und schließlich mit dem restlichen Quark auffüllen. Teigränder blütenförmig über die Fülle legen und in der Mitte zu einem kleinen Knoten drehen.

8 Backofen auf 200 °C/Gas Stufe 6 vorheizen. Form abdecken und den gefüllten Teig abermals an einem warmen Ort etwa 20 Minuten gehen lassen.

9 Teig mit Wasser/Eigelb-Mischung bestreichen und 45–50 Minuten goldbraun backen. Brotlaib aus der Form nehmen und auf einem Backrost etwa 10 Minuten abkühlen lassen. Dann in Scheiben schneiden und warm servieren.

Weihnachten in der Provence

Das traditionelle provenzalische Weihnachtsessen findet am Heiligen Abend statt. Da dieser ein kirchlicher Fasttag ist, ißt man Fisch anstelle von Fleisch, was der Üppigkeit des Festmahls aber keinen Abbruch tut. Den Abschluß bilden die »Dreizehn Desserts«, welche symbolhaft für Jesus und die zwölf Apostel stehen.

Französische Austerntörtchen
S. 148 & oben links

•

Kabeljau à la Provence *S. 154 & Mitte*
Mangoldgratin *S. 164 & unten links*

•

Dreizehn Desserts *S. 181 & rechts*

Kabeljau à la Provence

Zutaten

750 g Kabeljau
15 g Mehl
schwarzer Pfeffer
2 EL Olivenöl
30 g Butter
frische, ganze Kräuter zum Garnieren

Sauce à la Provence

1 große Zwiebel, in Ringe geschnitten
2 zerdrückte Knoblauchzehen
750 g Tomaten, geschält und gewürfelt
1 EL Tomatenmark
1 EL Kapern
1 EL kleingehackte Gewürzgurken
je 1 EL frischgehackter Estragon, Thymian und frischgehackte Petersilie

Abbildung S. 152–153

Kabeljau entfaltet erst durch besonders sorgfältige Zubereitung seinen vollen Geschmack, deshalb wird zur Weihnachtszeit auch auf provenzalischen Märkten fertig vorbereiteter Kabeljau angeboten.

6 Portionen

1 Kabeljau in kaltes Wasser legen und 24 Stunden stehen lassen. Wasser drei- bis viermal wechseln.

2 Fisch trockentupfen und in 6 gleich große Stücke schneiden. Flossen und Gräten entfernen. Mehl mit Pfeffer mischen und Fischstücke gut panieren.

3 Öl und Butter erhitzen. Die Hälfte der Fischstücke darin beidseitig goldbraun anbraten. Fischstücke vorsichtig herausnehmen und auf einem Stück Küchenpapier abtropfen lassen. Warm halten und restliche Fischstücke herausbacken.

4 Für die Sauce Zwiebel und Knoblauch im Fett etwa 2–3 Minuten anschwitzen. Tomaten und Tomatenmark einrühren und 2–3 Minuten köcheln lassen. Kapern, Gewürzgurken und Kräuter einrühren und mit Salz und schwarzem Pfeffer würzen.

5 Sauce auf eine große, vorgewärmte Platte gießen. Richten Sie die Fischstücke vorsichtig darauf an und dekorieren Sie alles mit frischen Kräutern.

Pochierter Lachs mit Sauce Hollandaise

Zutaten

2,75 kg kochfertiger Lachs, im Ganzen
2–3 Zweige frischer Dill
2 Lorbeerblätter
4 Schalotten, geviertelt
1 EL schwarze Pfefferkörner
1 EL Salz
¼ Gurke, in dünne Scheiben geschnitten
1 Zitrone, in dünne Scheiben geschnitten
frische Dillzweige zum Garnieren

Sauce Hollandaise

8 Eigelb
90 ml Zitronensaft
Salz und schwarzer Pfeffer
375 g Butter
1 Bund Brunnenkresse (eventuell)
1 Bund frisches Basilikum (eventuell)

Eine einfach und schnell zubereitete Gaumen- und Augenfreude bei jedem Weihnachtsbuffet. Als zusätzlicher Farbtupfer kann die Sauce Hollandaise mit Kräutern grün gefärbt werden.

10–12 Portionen

1 Lachs waschen, trockentupfen und innen mit Dill bestreuen. Fisch in eine große Fisch- oder Bratpfanne legen, Lorbeerblätter, Schalotten, Pfefferkörner, Salz und soviel Wasser hinzufügen, bis der Fisch bedeckt ist. Mit Backpapier und Pfannendeckel oder Alufolie abdecken.

2 Langsam zum Kochen bringen, Herdplatte ausschalten und etwa 30 Minuten dünsten. Soll der Lachs kalt serviert werden, im eigenen Sud völlig abkühlen lassen.

3 Inzwischen die Sauce Hollandaise zubereiten. Dafür Eigelb, Zitronensaft, Salz und Pfeffer schlagen.

4 Butter erhitzen, bis sie Bläschen wirft, dabei darauf achten, daß sie nicht braun wird! Langsam die Hälfte der zerlassenen Butter in die Sauce einrühren. Etwa 10 Sekunden zu einer einheitlichen, dickflüssigen Masse verrühren.

5 Die restliche Butter einrühren und weiter gut rühren, bis die Masse hellgelb und dickflüssig wird. Abschmecken und in eine vorgewärmte Saucière füllen. Im Wasserbad warm halten.

6 Für grüne Sauce Hollandaise Blätter der Brunnenkresse abzupfen, klein hacken, gemeinsam mit dem Basilikum zuletzt zur Sauce geben und gut umrühren.

7 Fischsud vorsichtig abgießen und den Lachs auf eine große, vorgewärmte Platte legen und warm halten. Haut entlang des Kopfes und der Schwanzflosse einschneiden und mit den Flossen abziehen. Dabei darauf achten, daß die Haut auf dem Kopf und der Schwanzflosse nicht verletzt wird.

8 Gurkenscheiben entlang des Rückgrates überlappend auflegen. Um den Kopf abwechselnd Gurken- und Zitronenscheiben drapieren. Mit Dillzweigen garnieren und mit Sauce Hollandaise servieren.

Karpfen mit süss-saurer Sauce

Zutaten
2 kg kochfertiger Karpfen
30 g Butter
2 Möhren, kleingeschnitten
1 Stange Lauch, in Ringe geschnitten
4 Selleriestangen, in Scheiben geschnitten
2 Zwiebel, geviertelt
2 Lorbeerblätter
2 frische Thymianzweige
1 TL Pimentkörner
2 Streifen Zitronenschale
Salz und schwarzer Pfeffer
1,2 l Wasser
600 ml dunkles Bier
60 g Rosinen
60 g Paniermehl
gehackte Petersilie, Zitronenspalten und geröstete Mandelblättchen zum Garnieren

Dieses deutsche Rezept stammt aus dem Mittelalter, als jedes Kloster noch seine eigene Fischzucht hatte. Damals begann man bereits ab Bartholomäus (24. August), die Fische für das Weihnachtsmahl zu mästen.

6 Portionen

1 Karpfen waschen und trockentupfen. Butter in einer großen, feuerfesten Form schmelzen, Möhren, Lauch, Sellerie und Zwiebel dazugeben und 4–5 Minuten unter gelegentlichem Umrühren dünsten. Lorbeerblätter, Thymian, Pimentkörner, Zitronenschale, Salz und Pfeffer hinzufügen.

2 Fisch auf das Gemüsebett legen und mit Wasser und Bier bedecken. Zum Kochen bringen, zudecken und bei reduzierter Hitze 15–20 Minuten dünsten lassen, bis sich die Rückenflosse leicht lösen läßt.

3 Fisch mit zwei Fischhebern vorsichtig herausnehmen und auf eine vorgewärmte Platte legen. Warm halten.

4 Für die Sauce Brühe in einen Topf gießen. Rosinen hinzufügen. Paniermehl unterrühren, zum Kochen bringen und 1 Minute köcheln lassen, bis die Sauce eindickt. Mit einem Löffel über den Fisch gießen und mit gehackter Petersilie, Zitronenspalten und gerösteten Mandelblättchen garnieren.

Forelle mit fruchtiger Sauce

Zutaten
30 g Butter
6 kochfertige Forellen
Salz und schwarzer Pfeffer
geriebene Zitronenschale
2 EL gehackte Petersilie
Sauce
60 g feiner Kristallzucker
600 ml Wasser
4 EL Rotweinessig
2 frische Lorbeerblätter
2 EL Schwarze Johannisbeerkonfitüre
60 g entkernte Dörrpflaumen, kleingehackt
60 g getrocknete Aprikosen, kleingehackt
geriebene Schale und Saft einer Zitrone
Zitronenspalten und frische Petersilie zum Garnieren

Dieses Fischrezept mit der exotisch anmutenden Fruchtsauce stammt aus Tschechien. Die rosafarbene Forelle mit der dunklen Fruchtsauce ist sowohl eine Augen- als auch eine Gaumenfreude für jedermann.

6 Portionen

1 Butter in einer flachen, feuerfesten Form schmelzen. Forelle mit Salz, Pfeffer, Zitronenschale und Petersilie würzen, in die Butter legen und auf jeder Seite einige Minuten hellbraun anbraten.

2 Für die Sauce Zucker und 1 EL Wasser verrühren, langsam erhitzen, bis der Zucker schmilzt. Kurz aufkochen, bis der Sirup karamelisiert.

3 Essig hinzufügen und gut verrühren. Restliches Wasser, Lorbeerblätter, Johannisbeerkonfitüre, Pflaumen, Aprikosen, Zitronenschale und -saft dazugeben. Zum Kochen bringen und Forelle übergießen. Fischgeschirr abdecken und etwa 5 Minuten kochen, bis der Fisch gar ist.

4 Forelle herausnehmen und auf ein großes Schneidebrett legen. Haut entlang des Kopfes und der Schwanzflosse einschneiden und abziehen, dabei darauf achten, daß die Haut auf Kopf und Schwanzflosse nicht verletzt wird. Forelle auf eine Platte legen und warm stellen.

5 Sauce zum Kochen bringen und eindicken lassen. Forelle auf Tellern mit der Sauce anrichten und mit Zitronenspalten und Petersiliensträußchen garnieren.

Knuspriger Schinken im eigenen Saft

Zutaten

3–4 kg gepökeltes Eisbein
2 große Zwiebeln, in Ringe geschnitten
2 Möhren, in Scheiben geschnitten
1 Stange Lauch, in Ringe geschnitten
4 Selleriestangen, in Scheiben geschnitten
2 Lorbeerblätter
½ TL Pfefferkörner
4 Gewürznelken
600 ml Bier
2 x 250 g geräucherte Mettwürste
Roggenbrot

Kruste

250 g Roggen- oder Vollkornmehl
500 g Paniermehl
125 g brauner Zucker
je 30 g gehackte Petersilie und Dill
2 EL Senf
2 verquirlte Eier
90 ml Honig
2 EL feingehackte, frische Petersilie

Die schwedische Tradition des »Auftunkens« stammt aus einer Zeit, da man es sich nicht leisten konnte, Nahrung zu verschwenden. Der Bratensaft des Weihnachtsschinkens, der mit einem Stück Roggenbrot aufgetunkt wird, bildet da keine Ausnahme.

6–8 Portionen

1 Schinken für 12 Stunden in kaltes Wasser legen. Wasser 2–3 mal wechseln.

2 Das Einweichwasser abgießen und den Schinken mit frischem Wasser aufkochen. Herausnehmen.

3 Zwiebeln, Möhren, Lauch, Sellerie, Lorbeerblätter, Pfefferkörner und Gewürznelken in eine Pfanne geben. Schinken auflegen, Mettwürste hinzufügen und mit Bier und Wasser übergießen, bis der Schinken bedeckt ist. Zum Kochen bringen, zudecken und 2 Stunden köcheln und über Nacht im eigenen Saft auskühlen lassen.

4 Für die Kruste Mehl, Paniermehl, Zucker, Petersilie, Dill und Senf verrühren, mit verquirlten Eiern binden.

5 Backofen auf 200 °C/Gas Stufe 6 vorheizen. Schinken gut abtropfen lassen, Haut entfernen und Fettschicht mit einem scharfen Messer einschneiden. Honig erwärmen und Schinken gleichmäßig damit bestreichen.

6 Mischung für die Kruste gleichmäßig andrücken und in einer Pfanne 40–50 Minuten goldbraun braten. Auskühlen lassen.

7 Würstchen aus dem Saft nehmen. Saft durch ein Sieb seihen, Gemüse pürieren, beides aufkochen lassen, würzen und mit Petersilie bestreuen.

8 Schinken und Würstchen auf einer Platte anrichten. Mit der Sauce und Roggenbrotstücken zum Tunken servieren.

Wildbret mit Äpfel und Birne

Zutaten

2–3 kg Wildfleisch (vom Rücken)
2 EL Olivenöl
60 g Butter
2 Zwiebeln, in Ringe geschnitten
1 Stange Lauch, in Ringe geschnitten
4 Selleriestangen, in Scheiben geschnitten
60 g Mehl
125 g geräucherter Speck, aufgeschnitten
4 Birnen, halbiert und entkernt
4 rote Äpfel, halbiert und entkernt
Saft von 2 Zitronen
2 TL Honig
4 EL Brandy
150 ml saure Sahne
frische Rosmarinzweige zum Garnieren

Beize

600 ml trockener Rotwein
600 ml kaltes Wasser
je 1 TL Gewürznelken, Pfefferkörner und Wacholderbeeren
1 frisches Lorbeerblatt
2 TL Salz

Während der Jagdsaison wird in den deutschen Wälder auch heute noch reichlich Wild erlegt. Im darauffolgenden Zeremoniell wird mit Fackeln und einem Salut aus den Jagdhörnern für die Beute gedankt.

6–8 Portionen

1 Für die Beize Wein, Wasser, Gewürznelken, Pfefferkörner, Wacholderbeeren, Lorbeerblatt und Salz in einer Pfanne kurz aufkochen und bei Raumtemperatur auskühlen lassen.

2 Wildfleisch in einen Bräter geben. Mit Beize übergießen, zudecken und bei Raumtemperatur 6 Stunden oder im Kühlschrank 2 Tage stehen lassen, zwischendurch mehrmals wenden.

3 Backofen auf 180 °C/Gas Stufe 4 vorheizen. Öl in eine ofenfeste Pfanne geben und im Ofen erhitzen.

4 Wildfleisch aus der Beize nehmen und trockentupfen. In das heiße Öl legen und von allen Seiten gut bräunen, Fleisch dabei häufig wenden.

5 In der Zwischenzeit Butter in einer großen Pfanne schmelzen, Zwiebeln, Lauch und Sellerie in die heiße Butter legen und unter gelegentlichem Rühren leicht braun anbraten.

6 Mehl hinzufügen und bei schwacher Hitze goldbraun anrösten. Achtung, das Mehl brennt leicht an! Mit der Beize aufgießen und vom Feuer nehmen.

7 Wildfleisch kurz aus der Pfanne nehmen. Das Gemüse in die Pfanne geben und das Fleisch darauf setzen. Mit geräucherten Speckstreifen belegen und im Backofen 1½ Stunden braten, bis das Fleisch mürbe und hellrosa ist, dabei das Fleisch ständig mit Beize übergießen.

8 Währenddessen die Birnen- und Apfelhälften fächerförmig einschneiden. Die Hälften auf ein Stück Alufolie setzen, mit Zitronensaft und Honig beträufeln. Mit Alufolie bedeckt 5–10 Minuten in den Ofen schieben, bis die Früchte weich sind.

9 Das Wildfleisch auf eine vorgewärmte Platte legen und die geräucherten Speckstreifen entfernen. Beize und Gemüse sorgfältigst durch ein feines Sieb streichen. Zum Kochen bringen, Brandy und saure Sahne hinzufügen und abschmecken. Wild mit einem Ring aus Sauce garnieren, den Rest der Sauce in eine Saucière füllen. Wildbret mit Birnen- und Apfelhälften sowie Rosmarinzweigen garnieren.

Rindsrippchen mit Senfkruste

Zutaten

3 kg Rindsrippchen von der Lende (6 Rippchen)

SENFKRUSTE

2 EL Öl

175 g Paniermehl

1 Zwiebel, feingehackt

2 EL gehackter Oregano

1 EL gemischte Pfefferkörner, gerieben

½ TL Salz

4 EL grobkörniger, englischer Senf

Gegrilltes Rind ist im heutigen wie im alten England ein vielgeschätztes Nationalgericht. Ursprünglich wurden grosse Fleischstücke über offenem Feuer gegrillt und Yorkshire Pudding im Fleischsaft gekocht. Eine schmackhafte Senfkruste hält das Fleisch saftig und passt vorzüglich zum Eigengeschmack des Rindfleisches.

6 Portionen

1 Backofen auf 220 °C/Gas Stufe 7 vorheizen. Für die Senfkruste Öl, Paniermehl, Zwiebel, Oregano, Pfefferkörner und Salz gut vermengen. Die Mischung mit Senf binden.

2 Fleisch der Rippchen mit der Senfmischung bestreichen, die Knochen aussparen. Rippchen mit der Senfkruste nach oben in eine Pfanne setzen.

3 Rippchen 30 Minuten braten, die Backofentemperatur auf 190 °C/Gas Stufe 5 reduzieren und weiter braten, bis das Fleisch nach Ihrem Geschmack ist: 20 Minuten pro 500 g für rotes Fleisch, 25 – 30 Minuten für medium gegartes und 30 – 35 Minuten für durchgegartes Fleisch. Sollte die Kruste zu dunkel werden, mit Folie abdecken.

4 Rippchen auf eine vorgewärmte Platte legen und etwa 15 Minuten stehen lassen, damit sie sich leichter tranchieren lassen

5 In Portionen teilen, die Kruste zerbröckelt beim Schneiden. Jede Portion mit etwas Kruste, Yorkshire Pudding, Bratkartoffeln und Gemüse servieren. Rosenkohl passen hervorragend zu diesem Essen.

Lammbraten

Zutaten

3 – 3,5 kg Lammkeule

5 Knoblauchzwiebeln

frische Rosmarin-, Thymian und Petersilienzweige

Salz und schwarzer Pfeffer

2 EL Honig

1 EL Zitronensaft

Zitronenspalten und frische Petersilie zum Garnieren

Abbildung S. 173

An diesem Festtagsbraten aus Norwegen erkennt man eindeutige Einflüsse der französischen Küche mit geröstetem Knoblauch und Kräutern.

6 Portionen

1 Backofen auf 190 °C/Gas Stufe 5 vorheizen. Lammkeule in eine Pfanne geben. Eine Knoblauchknolle in Zehen teilen und diese in Scheibchen schneiden.

2 Mit einem scharfen Messer kleine Schnitte gleichmäßig über das gesamte Fleischstück verteilen und abwechselnd mit Kräutern und Knoblauchscheibchen spicken.

3 Lammkeule 1¾ Stunden im Backofen braten, herausnehmen und mit Honig und Zitronensaft bepinseln.
Lamm mit den restlichen Knoblauchknollen für weitere 30 – 40 Minuten in den Ofen schieben, bis das Lammfleisch zartrosa ist.

4 Auf einer Platte mit Zitronenspalten, Petersiliensträußchen und Knoblauchzehen anrichten.

Gefüllte Wachtel mit Trauben

Zutaten
8 kochfertige Wachteln
4 EL Olivenöl
Salz und schwarzer Pfeffer
500 g blaue oder weiße kernarme Trauben
250 ml Hühnersuppe
Weinblätter zum Garnieren
Fülle
30 g Butter
2 Schalotten, kleingehackt
1 zerdrückte Knoblauchzehe
4 Stück Hühnerleber, kleingeschnitten
60 g getrocknete Tomaten, kleingeschnitten
2 EL gehackter Fenchel
Salz und schwarzer Pfeffer
3 EL Marsala
60 g Paniermehl

Ein delikates Rezept aus der Toskana, das für Tauben ebenso geeignet ist wie für Wachteln.

4–6 Portionen

1 Für die Fülle Butter in einer Pfanne zerlassen, Schalotten und Knoblauch hinzugeben und 1–2 Minuten anschwitzen. Leber dazugeben und einige Minuten anbraten.

2 Tomaten, Fenchel, Salz, Pfeffer und Marsala hinzufügen und zum Kochen bringen. Vom Feuer nehmen, Paniermehl einrühren und auskühlen lassen.

3 Wachtel mit der Brust nach unten auf ein Brettchen legen und das Rückgrat mit einer Geflügelschere entfernen. Wachtel umdrehen und mit dem Handballen am Brustbein flachpressen. Mit den restlichen Wachteln ebenso verfahren.

4 Backofen auf 190 °C/Gas Stufe 5 vorheizen. Haut vorsichtig mit den Fingern vom Wachtelfleisch abheben und mit einem Löffel Fülle gleichmäßig zwischen Haut und Fleisch streichen und die Haut straff ziehen. Beine und Flügel mit Zahnstochern feststecken und Wachteln in eine Bratform legen. Haut mit Olivenöl bestreichen und würzen.

5 Zwei Drittel der Trauben fein pürieren, durch ein Sieb streichen und über die Wachteln gießen.

6 Wachteln 30–40 Minuten im vorgeheizten Backofen braten, bis das Fleisch zart ist. Sollten sie zu schnell bräunen, mit Alufolie abdecken.

7 Wachteln auf einer vorgewärmten Platte anrichten. Sauce durch ein Sieb streichen und über die Wachteln gießen. Mit Trauben und Weinblättern hübsch garnieren. Reichen Sie dazu Florentiner Fenchel (Rezept S. 163).

Gänsebraten mit Apfel-Mandel-Fülle

Zutaten
4–5 kg kochfertige Gans mit Gänseklein
Salz und schwarzer Pfeffer
6 Scheiben geräucherter Speck
3 rote Äpfel, halbiert und entkernt
3 grüne Äpfel, halbiert und entkernt
Saft von 1 Zitrone
2 EL Honig
125 g geröstete Mandeln zum Garnieren
frische Rosmarinzweige zum Garnieren
Fülle
60 g Butter
175 g Rosinen
4 Zwiebeln, kleingehackt
3 Kochäpfel, geschält, entkernt und in große Stücke geschnitten
125 g blanchierte Mandeln, kleingehackt
250 g Paniermehl
je 1 EL frische Petersilie, frischer Salbei und Thymian
1 TL Gewürznelkenpulver

Abbildung S. 166–167

Mit Äpfeln und Mandeln gefüllte Gans ist ein typisches Gericht der deutschen Weihnachtsküche. Traditionell werden als Beilagen Rotkohl und Kartoffelklösse serviert.

6–8 Portionen

1 Backofen auf 200 °C/Gas Stufe 6 vorheizen. Gans waschen und Darmfett ablösen. Gänseklein in einem Topf mit reichlich Wasser zum Kochen bringen, würzen und etwa 45 Minuten köcheln lassen. Sud für die Bratensauce zurückbehalten.

2 Für die Fülle Leber klein schneiden. Butter schmelzen und Rosinen, Zwiebeln und Äpfel 2–3 Minuten andünsten. Vom Feuer nehmen und Mandeln, Paniermehl, Kräuter, Gewürznelkenpulver und die geschnittene Leber unterrühren.

3 Gans vom Hals her füllen, Flügel und Keulen dicht am Körper zusammenbinden, die Halshaut straffen und fixieren.

4 Brust der Gans mit geräuchertem Speck belegen und fixieren. Mit Salz und Pfeffer würzen. Gans auf einem Bratrost mit der Brustseite nach unten in eine Bratform legen und 30 Minuten braten. Die Hitze auf 180 °C/Gas Stufe 4 reduzieren.

5 Gans aus dem Ofen nehmen, anstechen, wieder in den Backofen schieben und weitere 3–3½ Stunden braten. Öfters überschüssiges Fett abschöpfen und die Gans regelmäßig mit Bratensaft übergießen. Zu kleinen Bällchen geformte Fülle in den letzten 30 Minuten der Bratzeit mitbraten.

6 Mit einem scharfen Messer durch Anstechen kontrollieren, ob das Fleisch gar ist – der austretende Fleischsaft sollte blaßgelb sein. Gans vor dem Tranchieren 15 Minuten abkühlen lassen.

7 Apfelhälften fächerförmig einschneiden. Apfelhälften auf Folie setzen, mit Zitronensaft und Honig beträufeln, einen Rosmarinzweig hinzufügen und mit Folie abdecken. 10–15 Minuten im Backofen braten.

8 Gans auf einer vorgewärmten Platte anrichten und mit Apfelhälften, Fülle, gerösteten Mandeln und Rosmarinzweigen garnieren.

Truthahn mit Maisbrotfülle

Zutaten

5,5 kg kochfertiger Truthahn
500 g durchwachsener Speck
5–6 Klementinenschalen, mit Preiselbeersauce und Heidelbeeren gefüllt,
in Butter gedünstete Kürbisspalten, Maroni und Salbeiblätter zum Garnieren

Maisbrotfülle

30 g Butter
3 Zwiebeln, feingehackt
2 Knoblauchzehen, feingehackt
6 Selleriestangen, feingeschnitten
250 g Brät
480 g geschälte Eßkastanien aus der Dose, feingehackt
250 g Maisbrot, zerkleinert
je 1 EL gehackte Petersilie, gehackter Salbei und Thymian
Salz und schwarzer Pfeffer
1 EL Zimtpulver
geriebene Schale und Saft einer Orange
1 Ei

Abbildung S. 160–161

Gefüllter Truthahn gehört sowohl in Großbritannien als auch in Amerika – vorzugsweise mit Maisbrotfülle – zum traditionellen Weihnachtsessen.

6–8 Portionen

1 Für die Fülle Zwiebeln, Knoblauch und Sellerie etwa 2 Minuten in Butter andünsten. Brät hinzufügen und leicht anbraten. Pfanne vom Feuer nehmen.

2 Eßkastanien, Maisbrot, Petersilie, Salbei, Thymian, Salz, Pfeffer, Zimt, Orangenschale und -saft gut vermengen. Brätmischung und Ei untermischen.

3 Truthahn vom Hals her mit einem Viertel der Maisbrotmischung füllen. Halshaut darüber ziehen und mit Dressiernadel und Bindfaden fixieren.

4 Bauchhöhle mit restlicher Maisbrotmischung füllen und die Haut über die Füllöffnung ziehen und fixieren.

5 Flügel und Keulen fest am Körper fixieren. Truthahn in die Bratform legen und mit Speckscheiben belegen, damit das Fleisch während des Bratens saftig bleibt. Bis zum Braten kalt stellen.

6 Backofen auf 190 °C/Gas Stufe 5 vorheizen. Truthahn etwa 2 Stunden braten, Speckscheiben lösen und den Truthahn mit Folie abdecken.

7 Braten für weitere 2 Stunden in den Ofen schieben. Zu kleinen Bällchen geformte Fülle 30 Minuten vor Ende der Bratzeit dazugeben. Mit einem scharfen Messer durch Anstechen kontrollieren, ob das Fleisch gar ist – der austretende Fleischsaft sollte klar sein.

8 Truthahn vor Entfernen des Bindfadens 20 Minuten abkühlen lassen. Braten auf einer vorgewärmten Platte anrichten und mit Preiselbeersauce und Heidelbeeren in Klementinenschalen, zu Bällchen geformter Fülle, in Butter gedünsteten, gewürzten Kürbisspalten, Maroni und Salbeiblättern garnieren.

Pflaumen-Zitronen-Kräuter-Fülle

Zutaten

30 g Butter
2 Zwiebeln, feingehackt
500 g Pflaumen, entkernt und zerkleinert
geriebene Schale und Saft einer großen Zitrone
1 EL Honig
je 1 EL frischgehackter Thymian, Oregano und frischgehackte Petersilie
1 TL Salz
½ TL frischgeriebener schwarzer Pfeffer
250 g Hafermehl
375 g Paniermehl
2 verquirlte Eier

Die Menge dieser leichten, aber würzigen Fülle reicht für einen Truthahn von 5,5 kg. Statt frischer Pflaumen können auch gut abgetropfte Pflaumen aus der Dose verwendet werden.

1 Butter schmelzen, Zwiebeln und Pflaumen hinzufügen und etwa 5 Minuten dünsten lassen. Zitronenschale und -saft, Honig, Kräuter, Salz und Pfeffer untermischen.

2 Hafermehl und Paniermehl mischen und die Zwiebelmischung sowie die Eier unterrühren. Sorgfältig verrühren und bis zur Verwendung kalt stellen.

Esskastanien-Preiselbeer-Fülle

Zutaten

30 g Butter
2 feingehackte Zwiebeln
250 g Preiselbeeren
1 TL Zimtpulver
geriebene Schale und Saft einer großen Orange
480 g geschälte Eßkastanien aus der Dose, feingehackt
250 g Paniermehl
Salz und schwarzer Pfeffer
1 Ei

Diese nussige Fülle reicht für einen 5,5 kg schweren Truthahn.

1 Butter schmelzen, Zwiebeln 2 Minuten andünsten. Preiselbeeren, Zimtpulver, Orangenschale und -saft hinzufügen und etwa 2 Minuten köcheln lassen. Vom Feuer nehmen.

2 Gehackte Eßkastanien, Paniermehl, Salz und Pfeffer gut mischen. Preiselbeer-Orangenmischung und Ei sorgfältig unterrühren. Fülle mit Frischhaltefolie abdecken und bis zur Verwendung kühl stellen.

AMERIKANISCHE WEIHNACHTEN

Schon seit den Tagen der ersten Siedler gehört Truthahn mit Maisbrotfülle zum traditionellen amerikanischen Festtagsmahl. Dazu wird süß-saure Preiselbeersauce, Kartoffelpüree mit Knoblauch und Kräutern, gefüllte Zwiebeln und Béchamelspinat gereicht. Bei den Desserts sind der köstlich süße, dunkle Pekannuß-Pie sowie die verlockende, cremige Käsesahnetorte mit Heidelbeeren besonders beliebt.

Gefüllter Truthahn *S. 159 & Mitte*
Preiselbeersauce *S. 165 & oben Mitte*
Gefüllte Zwiebeln *S. 164 & oben links*
Kartoffelpüree mit Knoblauch und Kräutern *S. 162 & unten links*
Béchamelspinat *S. 164 & unten rechts*

•

Pekannuß-Pie *S. 171 & oben rechts*
Käsesahnetorte *S. 171 & Mitte rechts*

Beilagen

Auch bei den Beilagen gibt es zahllose Köstlichkeiten, mit denen Sie jeden noch so verwöhnten Gaumen überraschen können: etwa ein verfeinertes Kartoffelpüree oder das köstliche Kartoffelgratin mit saurer Sahne, Gruyère-Käse und Eiern. Zaubern Sie für Ihre Lieben ganz nach französischer Manier Mangoldgratin oder machen Sie einen Abstecher in die italienische Küche und bringen Sie glasierten Florentiner Fenchel auf den Tisch. Selbst der schlichte Rosenkohl kann mit gerösteten Mandeln, Thymian und Zitrone zu einem neuen Geschmackserlebnis werden.

Kartoffelklösse

Zutaten

1 kg mehlige Kartoffeln, gewaschen
Salz und schwarzer Pfeffer
30 g Mehl
30 g Grieß
1½ TL frisch geriebene Muskatnuß
2 verquirlte Eier
2 EL geröstetes Paniermehl

Diese leichten, flaumigen Klösse werden besonders gerne als Beilage zu Gänsebraten serviert.

12 Stück

1 Kartoffeln etwa 10 Minuten in Salzwasser kochen. Nach dem Abschütten etwas abkühlen lassen und schälen.

2 Mehl, Grieß, Salz, Pfeffer und Muskat gründlich mischen.

3 Kartoffeln zerdrücken und mit Mehl, Grieß und Gewürzen mischen.

4 Masse mit den Eiern zu einem weichen Teig verarbeiten, bei Bedarf etwas Mehl hinzufügen. Hände bemehlen und Teig zu Klößen formen.

5 Diese in heißem Salzwasser 8–10 Minuten kochen, bis sie an die Oberfläche kommen. Auf Küchenpapier abtropfen lassen.

6 Klöße mit geröstetem Paniermehl bestreuen oder sie darin wälzen und auf einer vorgewärmten Platte servieren.

Kartoffelpuffer

Zutaten

8 mittelgroße Kartoffeln
Salz und schwarzer Pfeffer
1 EL frischgehackte Petersilie
3 EL Olivenöl
30 g Butter
frische Petersilie zum Garnieren

Kartoffelpuffer, auch als Rösti bekannt, sind eine knusprige Spezialität aus der Schweiz.

6 Portionen

1 Kartoffeln etwa 10 Minuten in Salzwasser kochen. Etwas abkühlen lassen und schälen. Dann etwa 1 Stunde in einer abgedeckten Schüssel abkühlen lassen.

2 Kartoffeln reiben, mit Pfeffer und frischgehackter Petersilie würzen.

3 Öl und Butter in einer beschichteten Pfanne erhitzen. Je einen gehäuften Eßlöffel Kartoffeln in das heiße Fett setzen und flachdrücken, etwa 2–3 Minuten knusprig anbraten lassen.

4 Kartoffelpuffer wenden und auf der anderen Seite ebenfalls 2–3 Minuten anbraten. Kartoffelpuffer aus dem Fett nehmen und warm stellen, während man die restliche Masse verarbeitet. Auf einer vorgewärmten Platte anrichten und mit Petersiliensträußchen garnieren.

Kartoffelpüree mit Knoblauch und Kräutern

Zutaten

1,5 kg Kartoffeln, geschält und in Stücke geschnitten
6 geschälte Knoblauchzehen
Salz und schwarzer Pfeffer
60 g Butter
60 ml Milch
2 EL gehackte Petersilie

Abbildung S. 160

In Amerika reicht man dieses würzige, mit Knoblauch und Kräutern verfeinerte Kartoffelpüree gerne zum Weihnachtstruthahn.

6 Portionen

1 Kartoffeln und Knoblauch in Salzwasser zum Kochen bringen und gar kochen.

2 Abschütten, pürieren und mit Pfeffer, Butter und Milch zu einem cremigen Püree vermischen. Petersilie unterheben und auf einer vorgewärmten Platte als Beilage zu Truthahn servieren.

Kartoffelgratin

Zutaten
60 g Butter
1 kg geschälte Kartoffeln
Salz und schwarzer Pfeffer
gemahlene Muskatnuß
175 g geriebener Gruyère-Käse
150 ml saure Sahne oder Milch
1 Ei

Abbildung S. 172

Dieses köstliche Kartoffelgratin eignet sich optimal als Beilage für größere Bratenstücke wie etwa Rinder- oder Lammbraten.

6 Portionen

1 Backofen auf 190 °C/Gas Stufe 5 vorheizen. Flache, feuerfeste Form einfetten.

2 Die Kartoffeln mit einem Gurkenhobel in hauchdünne Scheiben schneiden.

3 Kartoffeln, Gewürze und Käse schichtweise in die Form füllen. Saure Sahne und Ei verschlagen und über die Kartoffeln gießen.

4 Zuletzt noch etwas Käse darüberstreuen und 40–50 Minuten goldbraun backen.

Karamelisierte Möhren & Zwiebeln

Zutaten
24 Babymöhren, geschält
24 Perlzwiebelchen
125 g feiner Kristallzucker
4 EL Wasser
125 g Butter
1 EL Zitronensaft
1 EL gehackte Petersilie

Abbildung S. 173

Karamelisiertes Gemüse wird in Norwegen zum Braten serviert.

6 Portionen

1 Möhren und Zwiebeln getrennt in Salzwasser etwa 5–10 Minuten kochen. Abseihen und abkühlen lassen.

2 Zucker und Wasser unter gelegentlichem Rühren langsam erhitzen, bis sich der Zucker vollständig aufgelöst hat.

3 Zuckerwasser aufkochen, bis die Mischung eine goldbraune Farbe annimmt. Butter und Zitronensaft gut unterrühren.

4 Möhren und Zwiebeln in Karamel wenden. Mit frischgehackter Petersilie bestreuen und auf einer vorgewärmten Platte heiß servieren.

Glasierter Florentiner Fenchel

Zutaten
150 ml Gemüsebrühe
3 Fenchelknollen, geviertelt
1 EL Olivenöl
30 g Butter
2 EL Pinienkerne
2 rote Zwiebeln, geachtelt
2 Knoblauchzehen (in dünnen Scheibchen)
1 cm Ingwerwurzel, geschält und in Streifen geschnitten

Dieses delikate Rezept aus Italien erfreut Auge und Gaumen gleichermassen.

6 Portionen

1 Gemüsebrühe aufkochen lassen. Geviertelte Fenchelknollen hinzufügen und 2 Minuten kochen. Aus der Brühe heben und warm halten.

2 Öl und Butter in einer Bratpfanne erhitzen. Pinienkerne leicht anbräunen und wieder herausnehmen.

3 Zwiebel, Knoblauch, Ingwer und Fenchelstücke 1–2 Minuten im heißen Fett andünsten, mehrmals vorsichtig wenden. Brühe hinzugießen und etwa 1 Minute kochen. Fenchel und Zwiebeln in einer Servierschüssel anrichten und mit Pinienkernen bestreuen.

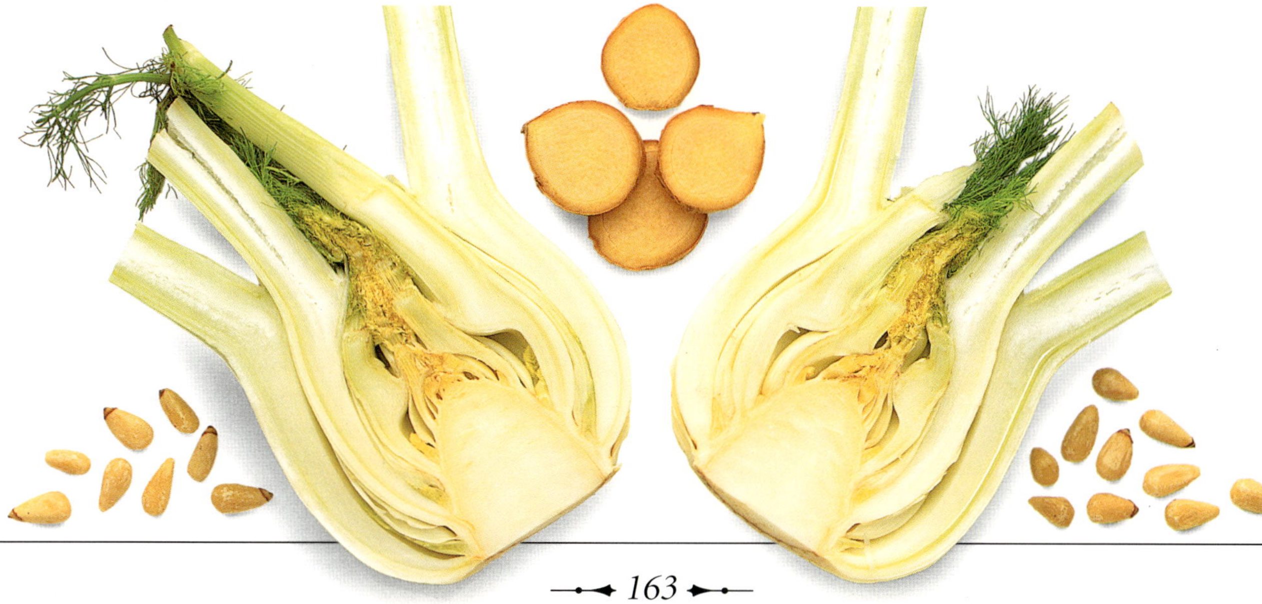

Gefüllte Zwiebeln

Zutaten
6 mittelgroße weiße Zwiebeln, geschält
2 EL Olivenöl
1 zerdrückte Knoblauchzehe
250 g Champignons, geschnitten
2 EL frischgehackter Oregano
Salz und schwarzer Pfeffer
2 EL Paniermehl
150 ml Gemüsebrühe
2 EL trockenen Sherry
frische Petersilie zum Garnieren

Abbildung S. 160

Verwöhnen Sie Ihre Lieben mit dem milden, süsslichen Geschmack von Zwiebeln, mit einer Füllung aus Pilzen und Kräutern.

6 Portionen

1 Backofen auf 200 °C/Gas Stufe 6 vorheizen. Zwiebeln 5 Minuten kochen, abtropfen und abkühlen lassen.

2 Zwiebeln aushöhlen, die äußeren Schichten sollen ganz bleiben. Inneres fein hacken.

3 Öl erhitzen und gehackte Zwiebeln, Knoblauch und Champignons darin 1 – 2 Minuten andünsten. Mit Oregano, Salz und Pfeffer würzen und Paniermehl untermischen.

4 Zwiebeln mit der Pilzmischung füllen. Restliche Fülle in eine feuerfeste Form füllen und die Zwiebeln daraufsetzen.

5 Mit Gemüsebrühe und Sherry übergießen und 30 Minuten im Ofen garen. Auf einer vorgewärmten Platte mit Petersilie garniert anrichten.

Béchamelspinat

Zutaten
1,5 kg Blattspinat
Béchamelsauce
30 g Butter
30 g Mehl
Salz und schwarzer Pfeffer
150 ml Milch
½ TL frischgeriebene Muskatnuß
2 EL Sahne

Abbildung S. 161

Frischer Blattspinat, verfeinert mit einer cremigen, mit Muskat gewürzten Béchamelsauce.

6 Portionen

1 Spinat in 150 ml kochendem Wasser 1 Minute blanchieren, gut abtropfen lassen und fein schneiden.

2 Für die Béchamelsauce Butter, Mehl, Salz, Pfeffer und Milch in einem kleinen Topf und unter ständigem Rühren bei schwacher Hitze eindicken.

3 Sauce bei kleiner Flamme 2 Minuten ziehen lassen, öfters umrühren. Muskat und Spinat hinzufügen und gut verrühren.

4 Sahne zugeben, gut unterrühren und in einer vorgewärmten Schüssel servieren.

Mangoldgratin

Zutaten
1 kg Mangold, geputzt
2 EL Olivenöl
1 zerdrückte Knoblauchzehe
30 g Mehl
150 ml Gemüsebrühe
150 ml Weißwein
Salz und schwarzer Pfeffer
½ TL frischgeriebene Muskatnuß
1 EL schwarze Oliven, halbiert
60 g geriebener Gruyère-Käse
2 EL Paniermehl

Abbildung S. 152

Dieses feine, grüne Blattgemüse erfreut sich in Frankreich grösster Beliebtheit.

6 Portionen

1 Mangold in mundgerechte Stücke teilen. Öl in einer großen Pfanne erhitzen.

2 Knoblauch und Mangold etwa 1 Minute unter ständigem Rühren andünsten. Gemüse herausnehmen.

3 Mehl, Gemüsebrühe, Wein, Salz, Pfeffer und Muskat in der Pfanne aufkochen und 2 Minuten kochen lassen. Mangold und Oliven hinzufügen und gut vermengen.

4 Masse in eine feuerfeste Form füllen, mit Käse und Paniermehl bestreuen und bei starker Hitze gratinieren, bis der Käse schmilzt und eine bräunliche Kruste bildet.

Rosenkohl mit Mandeln

Zutaten
750 g Rosenkohl
Salz und schwarzer Pfeffer
30 g Butter
60 g Mandelblättchen
1 EL frischgehackter Thymian
2 TL geriebene Zitronenschale

Rosenkohl ist das traditionelle englische Weihnachtsgemüse und wird zur geschmacklichen Verfeinerung in Mandeln, Thymian und Zitrone gewälzt.

6 Portionen

1 Größere Rosenkohlstücke vierteln, kleinere halbieren. Einen großen Topf zu zwei Drittel mit Wasser füllen und zum Kochen bringen. Rosenkohl in das kochende Wasser geben und 5 Minuten kochen bis das Gemüse eine hellere Farbe bekommt. Gut abtropfen lassen.

2 In der Zwischenzeit Butter schmelzen, Mandeln darin goldbraun anrösten.

3 Thymian, Zitronenschale und Pfeffer unterrühren, Rosenkohl hinzufügen und mehrmals wenden. In einer vorgewärmten Schüssel servieren.

Rotkohl

Zutaten
1 Kopf Rotkohl, sehr fein geschnitten
150 ml Rotweinessig
30 g feiner Kristallzucker
1 TL Salz
4 Gewürznelken, 1 Lorbeerblatt
30 g Gänsefett oder 2 EL Pflanzenöl
2 rote Zwiebeln, in Ringe geschnitten
1 Kochapfel, geschält, entkernt und in Scheiben geschnitten
150 ml Gänsekleinbrühe
4 EL rote Johannisbeerkonfitüre
150 ml Rotwein

Abbildung S. 166

Würziger, süss-saurer Rotkohl ist ein beliebtes Wintergemüse in ganz Europa. Darüber hinaus wird Rotkohl, oft mit Gänsefett zubereitet, traditionell zum Gänsebraten serviert.

6 Portionen

1 Rotkohl, Essig, Zucker, Salz, Nelken und Lorbeerblatt gut vermischen.

2 Gänsefett oder Öl in einem großen Kochtopf erhitzen, Zwiebeln und Äpfel klein schneiden, hinzufügen und leicht bräunen lassen. Öfters umrühren.

3 Rotkohl und Gänsekleinbrühe zugeben und zum Kochen bringen. Zudecken und etwa 30 Minuten leicht köcheln lassen, bis der Kohl gar und die Brühe fast gänzlich verdampft ist. Wenn nötig, Brühe oder Wasser nachgießen.

4 Kurz vor dem Servieren Rote Johannisbeerkonfitüre und Wein untermengen.

Gurkensalat mit saurer Sahne und Dill

Zutaten
2 Gurken, geschält
1 TL Salz
150 ml saure Sahne
1 EL Weißweinessig
½ TL Feinkristallzucker
schwarzer Pfeffer
1 EL frischgehackter Dill

Ein leichter, frischer und würziger Salat aus österreichischer Kochtradition.

6 Portionen

1 Gurke längs halbieren. Kerne entfernen, Gurke in dünne Scheiben schneiden, auf einen Teller legen und mit Salz bestreuen. Zudecken und bei Zimmertemperatur 15 Minuten stehen lassen.

2 In der Zwischenzeit saure Sahne, Essig, Zucker und Pfeffer gut mischen.

3 Gurkenscheiben in ein Sieb geben und Flüssigkeit ausdrücken. Auf Küchenpapier trocknen und vorsichtig mit dem Dressing marinieren.

4 Gurkensalat bis zum Verzehr abdecken und kalt stellen. In einer Salatschüssel anrichten und mit Dill garnieren.

Preiselbeersauce

Zutaten
250 ml Wasser
125 g feiner Kristallzucker
4 EL rote Johannisbeerkonfitüre
500 g Preiselbeeren
geriebene Schale und Saft einer Orange
125 g Walnüsse, gehackt

Abbildung S. 161

Preiselbeersauce gehört in Amerika einfach zum Festtagstruthahn dazu, und mit etwas Nüssen kann man ihr eine ganz besondere Note geben.

6 Portionen

1 Wasser, Zucker und Johannisbeerkonfitüre unter gelegentlichem Rühren langsam erhitzen, bis der Zucker sich völlig aufgelöst hat.

2 Preiselbeeren zugeben und aufkochen lassen. Etwa 15 Minuten köcheln lassen. Abgeriebene Orangenschale und -saft sowie gegebenenfalls Walnüsse untermengen. Abkühlen lassen.

3 In eine Saucière füllen und bis zum Verzehr kalt stellen.

DEUTSCHES WEIHNACHTSESSEN

Das deftige, deutsche Weihnachtsmahl erinnert an mittelalterliche Bankette. Zum Auftakt gibt es eine herzhafte Suppe, gefolgt von einer mit Äpfeln und Nüssen gefüllten Gans mit Rotkohl und Kartoffelklößen. Den Äpfeln und Nüssen kommt hoher Symbolwert zu: Die Äpfel stehen für den Baum der Weisheit, während die Nüsse das Wunder des Lebens symbolisieren. Als Dessert gibt es einen köstlichen Festtagsstrudel und Christstollen.

Rindsuppe mit Nudeln *S. 148 & links*

•

Gänsebraten mit Apfelfülle
S. 158 & Mitte
Kartoffelklöße *S. 162 & unten rechts*
Rotkohl *S. 165 & Mitte*

•

Festtagsstrudel *S. 170 & Mitte rechts*
Christstollen *S. 180 & oben rechts*

Traditionelles Sherry-Trifle

Zutaten

2 Eier, plus 2 Eigelb extra
30 g feiner Kristallzucker
1 EL Maisstärke
300 ml Milch
1 TL Vanillezucker
125 g Madeirakuchen, dünn aufgeschnitten
2 EL Erdbeer- oder Himbeerkonfitüre
2 EL Madeira
1 EL Brandy
250 g Erdbeeren oder Himbeeren, halbiert
275 ml Sahne
8 blanchierte Mandeln und
Erdbeerblätter zum Verzieren

Trifle erfreute sich besonders zur Zeit Königin Viktorias grosser Beliebtheit. Damals war diese lukullische Köstlichkeit auch als »Beschwipster Kuchen« bekannt.

8 Portionen

1 Eier, Eigelb, Zucker und Maisstärke gründlich verrühren.

2 Milch mit Vanillezucker zum Kochen bringen, über die Eimasse gießen und gut verschlagen.

3 Vanille-Ei-Milch durch ein Sieb in einen sauberen Topf filtern und auf kleiner Flamme unter ständigem Rühren eindicken lassen. Darauf achten, daß die Milch nicht zu kochen beginnt, da sie sonst ausflocken könnte. Auskühlen lassen.

4 Madeirakuchenscheiben mit Konfitüre bestreichen und eine Servierschüssel mit kleinen Scheiben (Konfitürenseite nach unten) auslegen. Madeira und Brandy mischen, die restlichen Kuchenstücke beträufeln und schichtweise in die Schüssel legen.

5 Die letzte Kuchenschicht mit zwei Drittel der Beerenhälften belegen. Sahne steif schlagen.

6 Zwei Drittel der steifgeschlagenen Sahne vorsichtig unter die Vanille-Ei-Milch mischen. Früchteschicht mit Sahnemischung bestreichen und oben schön glattstreichen.

7 Restliche Sahne in einen Dressierbeutel mit Sterntülle füllen und über die Sahnemischung spritzen. Eventuell mit blanchierten Mandeln, restlichen Beeren und Erdbeerblättern verzieren. Bis zum Verzehr kalt stellen.

Zuccotto

Zutaten

175 g Kaffeelikör
20 Löffelbiskuits
300 ml Sahne
30 g gesiebter Puderzucker
60 g geröstete Pinienkerne
60 g geröstete Mandeln, kleingehackt
150 g Schokostreusel
Puderzucker und Kakao zum Verzieren

Dieses köstliche Dessert hat seinen Ursprung in Florenz und soll in seiner Form der Kuppel der Kathedrale ähneln. Zuccotto ist das italienische Wort für »kleiner Kürbis«: Zuccotto deshalb, weil das Dessert in kürbisähnlichen Formen zubereitet wird. Da diese aber nur in Italien erhältlich sind, kann man sich ersatzweise auch mit einer Glasschüssel behelfen.

6 Personen

1 Zuccottoform oder eine Ein-Liter-Schüssel mit einem feuchtem Baumwolltuch auslegen. Das Tuch sollte über den Rand der Schüssel hinausragen.

2 4 EL Kaffeelikör in eine flache Schale geben. Löffelbiskuits kurz in Likör tunken und die Seiten der Schüssel mit der gezuckerten Seite gegen das Baumwolltuch eng auslegen.

3 Den Boden der Form belegen und darauf achten, daß die Löffelbiskuits eng aneinanderliegen. 30 Minuten kalt stellen. Restliche Löffelbiskuits sowie Likör für die letzte Schicht aufbewahren.

4 Sahne und Puderzucker steif schlagen. Ein Viertel der Sahne mit Nüssen und 60 g Schokostreusel vermengen.

5 Sahne-Nuß-Mischung vorsichtig und gleichmäßig auf die Löffelbiskuitsschicht streichen. Oberfläche glattstreichen und abermals kalt stellen.

6 Die restlichen Schokostreusel und den Kaffelikör in einer feuerfesten Schale im Wasserbad erwärmen. Gelegentlich umrühren, bis sich die Streusel aufgelöst haben. Auskühlen lassen.

7 Restliche Sahne unter die Schokolade-Likör-Mischung heben. Schüssel mit dieser Creme füllen und glattstreichen.

8 Schüssel mit restlichen Löffelbiskuits auffüllen und mit etwas Likör beträufeln. Festdrücken, die Ränder des Baumwolltuchs über die Löffelbiskuitsschicht falten und beschweren. Über Nacht in den Kühlschrank stellen.

9 Zuccotto auf einen großen Teller stürzen und vorsichtig das Baumwolltuch entfernen. Zuccotto dick mit Puderzucker bestreuen und mit Hilfe einer Tortenschablone ein Kakaopulvermuster aufstreuen.

Festtagsstrudel

Zutaten
90 g Butter, zerlassen
400 g Quark
3 Eier, getrennt
175 g feiner Kristallzucker
175 g gemahlene Mandeln
abgeriebenen Schale einer Zitrone
125 g Sultaninen
2 TL Zimtpulver, zusätzlich Zimtpulver zum Bestreuen
200 g Strudelteig (16 Blätter)
Puderzucker zum Bestreuen

Abbildung S. 167

Der Strudelvarianten gibt es viele, aber dieser gerollte Strudel ist wohl eine der extravagantesten und daher ideal für festliche Anlässe.

6 Portionen

1 Backofen auf 180 °C/Gas Stufe 4 vorheizen. Backblech mit Backpapier belegen und zusätzlich mit zerlassener Butter bestreichen.

2 Quark, Eigelb und die Hälfte des Zuckers mischen und gut verschlagen. Gemahlene Mandeln, Zitronenschale, Sultaninen und Zimt unterrühren.

3 Eiweiß zu Schnee schlagen, langsam den restlichen Zucker unter ständigem Schlagen einrühren. Eischneemasse vorsichtig unter die Quarkmasse heben.

4 Zwei Strudelblätter mit Butter bepinseln und aufeinanderlegen. Die restlichen Strudelblätter werden mit einem feuchten Tuch abgedeckt.

5 Etwa 2,5 cm vom langen Rand nach innen, Teig mit der Fülle bestreichen. Strudel mit Hilfe eines Küchentuches vom langen Rand her einrollen.

6 Strudel von der Mitte des Backblechs aus zu einer Spirale legen. Schritt 4 und 5 mit den restlichen Strudelblättern wiederholen, 7 weitere Strudelrollen formen und an das Ende der Spirale anlegen.

7 Strudelspirale mit zerlassener Butter bepinseln und 35 – 40 Minuten im Ofen knusprig goldbraun backen. Zurückbehaltene Teigreste mit Butter bestreichen, 6 Blätter ausstechen und 2 Minuten backen. Strudel mit Puderzucker und Zimt bestreuen, mit Teigblättern verzieren und wahlweise warm oder kalt servieren.

Cognacfrüchte

Zutaten
250 g Kristallzucker
300 ml Wasser
3 Pfirsiche
3 Birnen
3 Klementinen
30 g Preiselbeeren
Brandy oder Likör

In einem hübschen Glas überreicht, sind diese Cognacfrüchte ein zauberhaftes Geschenk. Besonders, wenn Sie verschiedenfarbige, feste Früchte verwenden.

6 Portionen

1 Die Hälfte des Zuckers und das Wasser unter gelegentlichem Rühren erhitzen, bis sich der Zucker aufgelöst hat.

2 Pfirsiche mit kochendem Wasser übergießen. Nach einer Minute Pfirsiche herausnehmen, schälen, halbieren, entkernen und in dünne Spalten schneiden. Birnen schälen, entkernen und in Scheiben schneiden. Klementinen schälen, das weiße Häutchen mit einem scharfen Messer abziehen und in Spalten teilen.

3 Früchte im Sirup zum Kochen bringen und etwa 8 – 10 Minuten köcheln, bis die Früchte gar sind.

4 Früchte in eine feuerfeste Form geben. Restlichen Zucker zum Sirup mischen und diesen unter gelegentlichem Rühren erhitzen, bis der Zucker vollständig aufgelöst ist.

5 Sirup so lange erhitzen, bis der Zucker Fäden spinnt.

6 Ausgekühlten Sirup mit der gleichen Menge Brandy oder Likör auffüllen. Über die Früchte gießen, abdecken, und bis zum Verzehr kühl aufbewahren. Wenn Sie die Cognacfrüchte verschenken wollen, sterilisiertes Glas bis zum Rand mit Früchten und Sirup füllen und luftdicht verschließen.

Vanillecremeterrine

Zutaten
1 P. Gelatinepulver
3 EL kaltes Wasser
600 ml Sahne
2 EL Vanillezucker
30 g feiner Kristallzucker
500 g Früchte, z.B. Erdbeeren, Himbeeren, Heidelbeeren und Kirschen
Erdbeerblätter zum Verzieren

Abbildung S. 173

Diese leichte norwegische Vanilleterrine bietet sich als Dessert nach üppigen Hauptgerichten an.

6 Portionen

1 Gelatine unter ständigem Rühren in einem Wasserbad auflösen.

2 Sahne mit Vanillezucker und Zucker über Dampf steif schlagen. Aufgelöste Gelatine hinzufügen und rühren, bis die Masse cremig ist. Creme in eine 900 ml fassende Ringform füllen und für 3 – 4 Stunden in den Kühlschrank stellen.

3 Ringform in handwarmes Wasser tauchen und Terrine auf einen Teller stürzen. Die Mitte der Terrine mit Früchten füllen, restliche Früchte um die Terrine herum arrangieren. Mit Erdbeerblättern und Beerensauce (Rezept nächste Seite) verzieren.

Beerensauce

Zutaten
250 g Himbeeren
250 g Erdbeeren
250 g Heidelbeeren
150 ml Wasser
2 TL Pfeilwurzelmehl
4 EL Cherry Brandy

Abbildung S. 173

Verwenden Sie nach Belieben Früchte der Saison.

6 Portionen

1 Beeren im Wasser zum Kochen bringen. Abdecken und 5 Minuten kochen. Beeren fein pürieren und durch ein Sieb streichen.

2 Früchtepüree in einem Topf zum Kochen bringen. Pfeilwurzelmehl in etwas Wasser auflösen, mit dem Früchtepüree mischen und unter ständigem Rühren nochmals aufkochen.

3 Etwa 2 Minuten köcheln lassen, abkühlen und Cherry Brandy unterrühren.

Käsesahnetorte mit Heidelbeeren

Zutaten
200 g Mehl, zusätzlich Mehl zum Bemehlen
150 g Butter, in kleine Stücke geschnitten
60 g feiner Kristallzucker
1 Eigelb
Creme
90 g feiner Kristallzucker
500 g Quark
300 ml saure Sahne
2 Eier
1 TL Vanillezucker
geriebene Schale einer Orange
375 g Heidelbeeren
2 EL rote Johannisbeerkonfitüre
Puderzucker zum Bestreuen

Abbildung S. 161

Diese unwiderstehliche, amerikanische Käsesahnetorte zergeht förmlich auf der Zunge.

6 Portionen

1 Mehl sieben und mit Butter mischen. Zucker und Eigelb untermengen und zu einem festen Teig kneten, eventuell mit etwas kaltem Wasser geschmeidiger machen.

2 Teig auf einer bemehlten Arbeitsplatte dünn ausrollen, eine geriffelte Springform mit 21 cm Durchmesser und 4,5 cm Seitenhöhe auslegen. Rand sorgfältig säubern, Teigboden anstechen und 30 Minuten kühl stellen. Backofen auf 190 °C/Gas Stufe 5 vorheizen.

3 Teig mit Backpapier abdecken und eine Schicht getrocknete Hülsenfrüchte oder Reis darüberstreuen. Im vorgeheizten Ofen 15 Minuten backen, bis der Teig fest, aber nicht gebräunt ist. Form aus dem Ofen nehmen und abkühlen lassen. Hülsenfrüchte oder Reis und Backpapier entfernen und Hitze auf 150 °C/Gas Stufe 2 reduzieren.

4 Für die Creme Zucker, saure Sahne, Quark, Eier, Vanillezucker und Orangenschale gut schlagen. Vorsichtig ein Drittel der Heidelbeeren unter die Masse heben.

5 Creme in die Form füllen und 1 Stunde backen. Backofen ausschalten und Käsesahnetorte im Rohr auskühlen lassen. Torte erst wenn sie völlig kalt ist aus dem Backofen und der Form nehmen und auf einer Tortenplatte anrichten.

6 Rote Johannisbeerkonfitüre erhitzen und die Tortenoberfläche gleichmäßig bestreichen. Torte mit restlichen Heidelbeeren verzieren und vor dem Servieren mit Puderzucker bestreuen.

Pekannuss-Pie

Zutaten
150 g Mehl, zusätzlich Mehl zum Bemehlen
¼ TL Salz
90 g Butter, in kleine Stücke geschnitten
3 EL kaltes Wasser
Mais- oder Ahornsirup zum Glasieren
Fülle
4 Eier
250 ml Mais- oder Ahornsirup
90 g Butter, zerlassen
1 TL Vanillezucker
250 g Pekannüsse

Abbildung S. 161

Dieser reichhaltige Pie mit Nussgeschmack ist in den Südstaaten Amerikas ein wahrer Klassiker.

8–10 Portionen

1 Mehl sieben und mit Butter und Salz mischen. Wasser hinzufügen und mit einer Gabel zu einem Teig verrühren.

2 Teig auf leicht bemehlter Arbeitsplatte kneten, bis er geschmeidig ist. Ausrollen und eine Pieform mit 23 cm Durchmesser auslegen. Überstehende Ränder abschneiden, noch einmal durchkneten, wieder ausrollen und 12 Ahornblätter ausstechen. Blätter mit Wasser bepinseln und Pierand verzieren. 15 Minuten kühl stellen. Backofen auf 200 °C/Gas Stufe 6 vorheizen.

3 Teig mit Backpapier abdecken, 10 Minuten backen (siehe oben) und auskühlen lassen. Hitze auf 180 °C/Gas Stufe 4 reduzieren.

4 Für die Fülle Eier verquirlen und langsam unter ständigem Schlagen Sirup einrühren. Butter, Vanillezucker und Pekannüsse unterrühren. Pieform damit füllen.

5 40–45 Minuten goldbraun backen. Auskühlen lassen und vor dem Servieren mit Sirup beträufeln.

NORWEGISCHES WEIHNACHTSBUFFET

Die norwegische Küche legt größten Wert auf frische Zutaten, da wird auch zu Weihnachten keine Ausnahme gemacht. Die Fischvorkommen gehören zu den hochwertigsten der ganzen Welt, und so erfreuen sich Lachsspezialitäten größter Beliebtheit. Aber auch zartes Lamm kommt häufig auf den Tisch. Bei der Zubereitung lassen sich bisweilen französische Einflüsse erkennen. Als Dessert lieben die Norweger Vanillecremeterrine mit frischen Beeren.

Marinierter Lachs-Salat
S. 147 & oben links

•

Lammbraten *S. 157 & Mitte*
Kartoffelgratin *S. 163 & unten links*
Karamelisierte Möhren und Zwiebel
S. 163 & unten rechts

•

Vanillecremeterrine *S. 170 & rechts*
Beerensauce *S 171 & oben rechts*

Kuchen & Kekse

Weihnachten – die Zeit der Festtagstorten. Saftige Fruchtkuchen werden schon lange vor den Festtagen gebacken, damit die weihnachtlichen Gewürze ihr volles Aroma entfalten können. Früchtebrot wie Panettone und Lebkuchen gehören auf jeden traditionsbewußten Festtagstisch. Makronenkuchen, Baisertürme oder festliche Pavlova lassen weitere Gaumenfreuden erahnen. Verzierte Kekse an hübschen Bändern lassen als Christbaumschmuck Kinderherzen höher schlagen. Köstlich-cremigen Schokoladetrüffeln können auch die »großen Kinder« nicht widerstehen.

Dreikönigsstorte

Zutaten

250 g weiche Butter, zusätzlich Butter zum Einfetten
250 g brauner Zucker
150 ml Portwein, 150 ml Brandy
750 g getrockneter Früchtemix
125 g getrocknete Aprikosen, geschnitten
60 g Aranzini, geschnitten
125 g kandierte Kirschen, halbiert
1 EL geriebene Orangenschale
1 EL frischgepreßter Orangensaft
4 Eier
250 g Mehl, mit Backpulver versetzt
1 EL Gewürzmischung
90 g Mandelstifte

Glasur und Verzierung

3 EL Aprikosenkonfitüre, erwärmt und durch ein Sieb gestrichen
900 g weißer Marzipan
Puderzucker zum Bestreuen
doppelte Menge Zuckerguß (siehe S. 175)
rote und grüne Lebensmittelfarbe
2 m rotes oder grünes Band

ABBILDUNG S. 179

Die Dreikönigstorte, eine reichhaltige Früchtetorte mit Mandeldekor, wurde ursprünglich eigens für den Dreikönigstag gebacken. Im Laufe der Zeit entwickelte sie sich mit aufwendiger Zuckergussverzierung zum Meisterwerk der Konditorkunst. Heute erfreut sich die Dreikönigstorte besonders zu Weihnachten grosser Beliebtheit.

Torte mit 23 cm Durchmesser

1 Butter, Zucker, Portwein und Brandy aufkochen. Früchtemix, Aprikosen, Aranzini und Kirschen unterrühren. Nochmals aufkochen und etwa 15 Minuten schwach kochen. Über Nacht auskühlen lassen.

2 Tortenform mit 23 cm Durchmesser einfetten. Form mit doppelter Schicht Backpapier auslegen. Den äußeren Rand mit doppelter Schicht Packpapier umwickeln und mit 3–4 Schichten Packpapier auf ein Backblech stellen. Backofen auf 160 °C/Gas Stufe 2 vorheizen.

3 Orangenschale und -saft mit den Eiern verquirlen. Mehl und Gewürze in eine große Schüssel sieben und Mandeln untermengen. Verquirlte Eier und Früchtemischung hinzufügen, umrühren und eine Minute mixen.

4 Teig in die vorbereitete Form füllen, glattstreichen und im Backofen 3–3¼ Stunden backen. In der Tortenform auskühlen lassen.

5 Die Torte aus der Form nehmen, Backpapier jedoch nicht entfernen. Gut in Folie verpacken und an einem kühlen Ort 3–4 Monate lagern.

Glasieren und Verzieren der Torte

1 Torte auf eine Tortenplatte setzen und mit Aprikosenkonfitüre bestreichen. Drei Viertel des Marzipans zu einer Kugel kneten und auf einer leicht mit Puderzucker bestreuten Arbeitsplatte zu einem Kreis (30 cm Durchmesser) ausrollen.

2 Torte mit Marzipan belegen, glattstreichen. Am unteren Tortenrand überstehendes Marzipan wegschneiden. Über Nacht an einem warmen Ort stehen lassen.

3 Marzipanreste verkneten. Ein kleines Stück Marzipan mit Lebensmittelfarbe rot färben. Restliches Marzipan halbieren, eine Hälfte hellgrün und die andere Hälfte dunkelgrün färben. Aus den beiden grünen Marzipanmassen unterschiedliche Blätter mit Keksförmchen ausstechen. Aus dem roten Marzipan kleine Beeren formen.

4 Zuckerguß laut Rezept auf S. 175 zubereiten. Mit einer Tortenpalette Tortenoberfläche gleichmäßig dünn mit Zuckerguß bestreichen. Damit der Zuckerguß möglichst glatt wird, abschließend mit der unter heißes Wasser gehaltenen Tortenpalette in einem Zug über die Torte streichen. 3–4 Stunden fest werden lassen.

5 Eine zweite Schicht Zuckerguß auftragen und abermals fest werden lassen. Restlichen Zuckerguß gleichmäßig auf die Seiten der Torte auftragen. Für die Zuckergußspitzen am Tortenrand Tortenpalette vorsichtig gegen den Zuckerguß drücken und langsam wegziehen. Über Nacht fest werden lassen.

6 Torte mit Marzipanblättern, Beeren und Zuckerguß verzieren. Band rund um die Torte legen und mit Stecknadeln oder etwas Zuckerguß fixieren. Über Nacht an einem warmen Ort in einer luftdichten Dose stehen lassen. Unangeschnitten hält sich die Torte in einer Dose bis zu einem Jahr.

Panettone

Zutaten

450 g Mehl, zusätzlich Mehl zum Bemehlen
1 TL Salz
45 g feiner Kristallzucker
2 Päckchen Trockenhefe
125 g Butter, zerlassen
150 ml Milch
1 TL Vanillezucker
1 Ei, plus 2 Eigelb
Pflanzenöl zum Bepinseln
ein Stückchen Butter, zusätzlich Butter zum Einfetten
125 g kandierte Früchte
90 g Sultaninen
2 TL geriebene Zitronenschale
Puderzucker zum Bestreuen

Dieser leichte, bekömmliche Kuchen ist die italienische Version der Weihnachtstorte.

6–8 Portionen

1 Mehl in vorgewärmte Schüssel sieben und mit Salz, Zucker und Hefe vermengen.

2 Zerlassene Butter zur Milch geben und mit Eiern und Eigelb verquirlten Vanillezucker hinzufügen. Unter das Mehl mischen und zu einem weichen Teig verrühren. 8–10 Minuten mit der Hand bzw. 2–3 Minuten mit Knethaken schlagen, bis der Teig glatt und elastisch ist. Mit Öl bepinseln, abdecken und 1–2 Stunden an einem warmen Ort auf doppelte Größe gehen lassen.

3 Tortenform (15 cm Durchmesser) leicht einfetten, bemehlen und Boden mit Backpapier auslegen. Form auf ein Backblech stellen und Alufolie um die Tortenform wickeln. Die Folie sollte etwa 7 cm über den Rand hinausstehen.

4 Teig durchkneten und ausrollen. Kandierte Früchte, Sultaninen und Zitronenschale über den Teig verteilen und mit dem Nudelholz hineindrücken.

5 Teig abermals glatt kneten, zu einer Kugel formen und oben kreuzförmig einschneiden. Teigkugel in die Tortenform setzen, mit einer eingefetteten Frischhaltefolie abdecken und an einem warmen Ort gehen lassen. Backofen auf 200 °C/Gas Stufe 6 vorheizen.

6 Folie entfernen, Kreuz noch einmal nachschneiden und in die Mitte ein Butterstückchen setzen. 10 Minuten backen, Hitze auf 180 °C/Gas Stufe 4 reduzieren und weitere 40–50 Minuten backen. Etwa 10 Minuten in der Form auskühlen lassen, Alufolie entfernen und Kuchen aus der Form nehmen. Vor dem Servieren mit Puderzucker bestreuen.

Kranzkuchen

Zutaten

90 g gehackte Mandeln
90 g Sultaninen
90 g Rosinen
90 g kandierte Kirschen, halbiert
60 g Aranzini, geschnitten
2 EL Sherry
175 g Vollkornmehl, mit Backpulver versetzt
1 TL Kardamom
175 g brauner Zucker
175 g Butter, zusätzlich Butter zum Einfetten
3 Eier

Dekor

3 EL Aprikosenkonfitüre
750 g weißes Marzipan
dunkelgrüne Lebensmittelfarbe
Puderzucker zum Bestreuen
Marzipanfrüchte und -blätter (siehe Rezept S. 178)
2 EL Zuckerguß (siehe Rezept unten)

Abbildung S. 179

Dieser aufwendig verzierte Kuchen aus Skandinavien ist die Krönung eines jeden Weihnachtsmahls.

10 Portionen

1 Backofen auf 160 °C/Gas Stufe 2 vorheizen. Ringform mit 23 cm Durchmesser einfetten und Boden mit Backpapier auslegen.

2 Mandeln, Sultaninen, Rosinen, Kirschen, Aranzini und Sherry mischen.

3 Mehl und Kardamom in eine Schüssel sieben, Zucker, Butter und Eier hinzufügen. Mischen und 2–3 Minuten schlagen. Früchte und Nüsse gleichmäßig unter die Teigmasse heben.

4 Teig in die Ringform füllen, Oberfläche glattstreichen und eine Stunde backen. Kuchen in der Form auskühlen lassen, auf ein Tortengitter stürzen und Backpapier entfernen.

5 Kuchen gleichmäßig mit Aprikosenkonfitüre bestreichen. Marzipan grün färben, so lange kneten, bis die Farbe gleichmäßig verteilt ist. Auf einer mit Puderzucker bestreuten Arbeitsplatte zu einem Kreis mit 28 cm Durchmesser ausrollen. In die Mitte ein Loch schneiden und Marzipan auf den Kuchen legen.

6 Marzipan rund um den Kuchen festdrücken und überstehende Enden abschneiden. Kuchen auf eine Tortenplatte setzen und in einer verschlossenen Schachtel oder Dose über Nacht an einem warmen Ort stehen lassen.

7 Kuchen mit Marzipanfrüchten und -blättern verzieren, Marzipanblätter eventuell etwas in Form biegen. Mit etwas Zuckerguß fixieren.

Zuckerguss

Zutaten

2 Eiweiß
1/4 TL Zitronensaft
500 g gesiebter Puderzucker

Für eine Torte mit 15 cm Durchmesser

1 Eiweiß und Zitronensaft gut verrühren. Puderzucker einrühren, bis die Masse die Konsistenz ungeschlagener Sahne hat.

2 Den restlichen Puderzucker löffelweise untermengen.

3 Zuckerguß bis zur Verwendung in einem luftdichten Gefäß aufbewahren oder mit einem feuchten Tuch abdecken. Während des Glasierens Zuckerguß stets von den Rändern der Schüssel in die Mitte streichen, damit die Masse nicht antrocknet.

Polnischer Gewürzkuchen

Zutaten

1 EL Butter, zerlassen
1 EL Paniermehl
250 g Butter
250 g feiner Kristallzucker
60 ml Wasser
3 Eier, getrennt
250 g Mehl, mit Backpulver versetzt
1½ TL Gewürzmischung
30 g Angelikawurzel, kleingehackt
30 g Aranzini, geschnitten
60 g kandierte Kirschen, kleingehackt
60 g Walnüsse, kleingehackt
Puderzucker zum Bestreuen
Stechpalmenblätter zum Dekorieren

Der wichtigste polnische Feiertag ist der Silvesterabend. An diesem Abend wird traditionellerweise Gewürzkuchen und Wodka serviert.

6–8 Portionen

1 Backofen auf 180 °C/Gas Stufe 4 vorheizen. Springform mit 20 cm Durchmesser mit zerlassener Butter einfetten und mit Paniermehl ausstreuen.

2 Butter, Zucker und Wasser langsam und unter gelegentlichem Rühren erhitzen, bis Butter und Zucker geschmolzen sind. Aufkochen und 3 Minuten kochen lassen, bis eine sirupartige Masse entsteht. Auskühlen lassen.

3 Eiweiß steif schlagen, bis aufgezogene Spitzen entstehen.

4 Mehl und Gewürzmischung in eine Schüssel sieben. Angelikawurzel, Aranzini, Kirschen und Walnüsse unterrühren. Zuletzt Eigelb untermengen.

5 Mit ausgekühltem Sirup zu einem weichen Teig verrühren. Eischnee unterheben.

6 Teig in die vorbereitete Form füllen. 50–60 Minuten im vorgewärmten Ofen backen, bis der Kuchen bei Druck leicht nachgibt. Stürzen und auf einem Tortengitter auskühlen lassen. Vor dem Servieren dick mit Puderzucker bestreuen und mit Stechpalmenblättern verzieren.

Norwegischer Makronenkuchen

Zutaten

500 g geriebene Mandeln
15 g Mehl
500 g feiner Kristallzucker
1 EL abgeriebene Zitronenschale
1 TL Mandelöl
3 Eiweiß, steifgeschlagen

Zuckerguss

1 TL Orangenblütenöl
1 Eiweiß
250 g Puderzucker, gesiebt

Dekor

frische oder kandierte Früchte und Lorbeerblätter
Puderzucker zum Bestreuen

Abbildung unten

Dieser Turmkuchen wird bei feierlichen Anlässen besonders geschätzt. Er kann eine geradezu schwindelnde Höhe von 60 cm erreichen und mit Zuckerguss, Blumen, Früchten und Nüssen verziert werden.

20 Portionen

1 Backofen auf 160 °C/Gas Stufe 3 vorheizen. 3–4 Backbleche mit Backpapier belegen.

2 Geriebene Mandeln, Mehl, Kristallzucker, Zitronenschale und Mandelöl gut vermischen.

3 Eischnee zugeben, bis ein weicher, aber fester Teig entsteht. In Stücke teilen und jedes Stück zu einer fingerdicken Rolle formen.

4 Für den Kuchen benötigt man Rollen in 12 unterschiedlichen Längen. Mit einer 10 cm langen Rolle beginnen, zu einem Kringel formen, Enden gut andrücken und auf ein Backblech legen.

5 In 2,5 cm Abstand größer werdende Rollen abschneiden und zu Kringeln formen. Die größte Rolle mißt 37,5 cm.

6 Kringel schubweise in 20 Minuten hellbraun backen. Auf einem Tortengitter auskühlen lassen.

7 Für den Zuckerguß Orangenblütenöl und Eiweiß schlagen. Puderzucker hinzufügen, bis die Masse eine leicht cremige Konsistenz hat. Restlichen Puderzucker hinzufügen, und rühren, bis aufgezogene Spitzen entstehen.

8 Zuckerguß in einen Dressierbeutel mit einer kleinen Tülle füllen oder aus Butterpapier eine Tüte formen, Zuckerguß einfüllen und Spitze abschneiden, so daß eine Öffnung in der gewünschten Größe entsteht.

9 Den größten Kringel auf eine große Tortenplatte legen, mit etwas Zuckerguß bestreichen und den nächstgrößeren Kringel aufsetzen. Mit den restlichen Kringeln ebenso verfahren. Jeden Kringel mit dünnen Zuckergußgirlanden verzieren. Spitze und Boden des Turmkuchens mit frischen oder kandierten Früchten und Lorbeerblättern verzieren und mit Puderzucker bestreuen.

Pavlova

Zutaten
5 Eiweiß
290 g feiner Kristallzucker, zusätzlich Zucker zum Glasieren
½ TL Vanillezucker
1½ TL Essig
1½ TL Maisstärke
90 g weiße, kernarme Trauben
90 g blaue, kernarme Trauben
8 Blasenkirschen (eventuell)
90 g Kirschen
90 g Erdbeeren
300 ml Sahne
150 ml griechischen Joghurt
125 g gemischte, kandierte Früchte, geschnitten

Abbildung S. 178

Dieser leichte Baiserkuchen mit einem Kern aus Marshmallows verdankt seinen Namen der russischen Primaballerina Anna Pavlova. Für festliche Anlässe kann man den Kuchen wie in der Abbildung mit glasierten Früchten verzieren.

6 Portionen

1 Backofen auf 140 °C/Gas Stufe 1 vorheizen. Backblech mit Backpapier belegen und einen Kreis mit 23 cm Durchmesser aufzeichnen. Papier wenden.

2 Vier Eiweiß steif schlagen. Langsam Zucker einrühren, bis eine dickliche Creme entsteht.

3 Vanillezucker, Essig und Maisstärke verrühren und unter die Baisermasse heben. Schlagen, bis die Masse dicklich glänzt und steif wird.

4 Baisermasse in einen Dressierbeutel mit großer Sterntülle füllen. Entlang der Linie auf dem Backpapier eine Blüte aufspritzen. Die Mitte mit einer Baiserspirale füllen.

5 Auf die erste Blüte eine zweite, kleinere Blüte aufspritzen. Die Mitte wieder mit einer Baiserspirale füllen und glattstreichen.

6 1 Stunde im Ofen backen, Backofen ausschalten und Pavlova 2–3 Stunden abkühlen lassen, ohne den Ofen zu öffnen. Die Pavlova kann in einem luftdicht verschlossenen Gefäß bis zu zwei Wochen aufbewahrt werden.

7 Restliches Eiweiß in einer Schüssel schaumig schlagen. Etwas Zucker in eine flache Schale füllen und ein Tortengitter mit Küchenpapier belegen.

8 Weiße und blaue Trauben mit etwas Eiweiß bestreichen und im Puderzucker wälzen. Auf dem mit Küchenpapier ausgelegten Tortengitter trocknen lassen. Mit Blasenkirschen, Kirschen und Erdbeeren ebenso verfahren.

9 Sahne und Joghurt in einer Schüssel schlagen, bis die Masse leicht dicklich wird. Kandierte Früchte unterheben. Pavlova mit der Masse füllen und mit den angezuckerten Früchten verzieren.

Mince Pies

Zutaten
375 g Mehl, zusätzlich Mehl zum Bemehlen
175 g Butter
30 g feiner Kristallzucker
1 Eigelb
375 g Mincemeat (Fülle aus Korinthen, Äpfeln, Rosinen, Zucker, Fett und Rum)
Puderzucker zum Bestreuen

Dieses Rezept aus dem England des Mittelalters bestand ursprünglich aus Hackfleisch, getrockneten Früchten und Gewürzen. Mit der Zeit wurde es immer süsser und schliesslich kam man ganz ohne Hackfleisch aus – der Name aber blieb.

20 Stück

1 Backofen auf 200 °C/Gas Stufe 6 vorheizen. Mehl mit Butter mischen.

2 Mit einer Gabel Zucker, Eigelb und etwas Wasser verrühren. Auf einer bemehlten Arbeitsplatte durchkneten.

3 Teig dünn ausrollen und mit runden Keksförmchen je 20 Kreise mit 7 cm und 5 cm Durchmesser ausstechen. Teigreste verkneten und neuerlich ausrollen.

4 20 Törtchenformen (7 cm Durchmesser) bemehlen und mit den größeren Teigkreisen auslegen. Teig anstechen und Förmchen zur Hälfte mit Mincemeat füllen. Den Rand der kleineren Teigkreise mit Wasser bepinseln und mit bepinselter Seite nach unten auf die Pies aufsetzen. Andrücken.

5 Mit einer Messerspitze ein kleines Loch in die Mitte der Pies stechen, damit Dampf entweichen kann. Im vorgeheizten Ofen 15–20 Minuten hellbraun backen. Auf einem Tortengitter auskühlen lassen, aus den Förmchen nehmen und vor dem Servieren mit Puderzucker bestreuen.

Festliche Naschereien

Bei diesen himmlischen Rezepten findet sich für jeden Geschmack etwas: traditioneller englischer Früchtekuchen mit Zuckerguß, aufwendig mit Marzipanfrüchten und -blättern dekorierter, skandinavischer Kranzkuchen oder leichte, verführerische Pavlova, gefüllt mit Sahnecreme und verziert mit glasierten Früchten. Weitere traditionelle Weihnachtsleckereien sind Schokoladetrüffel, Mürbteiggebäck, weihnachtliche Lebkuchenfiguren und Glücksschweinchen mit einer kleinen Schleife um den Hals.

Dreikönigstorte
S. 174 & oben rechts
Pavlova *S. 177 & Mitte links*
Kranzkuchen *S. 175 & Mitte*
Glücksschweinchen
S. 183 & ganz links
St. Nikolaus-Kekse
S. 182 & ganz links
Schokoladetrüffel *S. 183 & oben*
Schottisches Mürbteiggebäck
S. 183 & unten rechts

Christstollen

Zutaten
60 g Rosinen
60 g Korinthen
60 g Zitronat
60 g kandierte Kirschen, halbiert
30 g Angelikawurzel, geschnitten
3 EL dunkler Rum
375 g Mehl, zusätzlich Mehl zum Bemehlen
¼ TL Salz
2 Päckchen Trockenhefe
90 g feiner Kristallzucker
1 TL geriebene Zitronenschale
¼ TL Mandelöl
125 ml Milch, lauwarm
2 Eier
125 g Butter, zerlassen
30 g Mandelstifte
Puderzucker zum Bestreuen

Abbildung S. 167

Dieses Früchtebrot nach deutschem Rezept kann bis zu einen Monat aufbewahrt werden und entfaltet seinen vollen Geschmack erst mit der Zeit.

12 Portionen

1 Rosinen, Korinthen, Zitronat, Kirschen, Angelikawurzel und Rum mischen und über Nacht ziehen lassen. Gut abtropfen, Rum auffangen.

2 Mehl in eine vorgewärmte Schüssel sieben, Salz, Trockenhefe, die Hälfte des Zuckers und Zitronenschale unterrühren.

3 Mandelöl, Milch, Eier und Rum verrühren und mit 90 g der in kleine Stücke geschnittenen Butter und dem Mehl vermengen.

4 Teig auf einer bemehlten Arbeitsplatte etwa 10 Minuten kneten, bis er glatt und elastisch ist. Wenn vorhanden, kann man auch einen Mixer mit Knethaken verwenden. Restliche Butter schmelzen. Teig in eine saubere Schüssel geben, mit zerlassener Butter bestreichen, mit Folie abdecken und 30 Minuten gehen lassen.

5 Teig abermals gut durchkneten, in die Schüssel zurückgeben, abdecken und an einem warmen Ort 1–2 Stunden auf doppelte Größe aufgehen lassen.

6 Teig aus der Schüssel nehmen, durchkneten und 1 cm dick ausrollen. Mit den in Rum getränkten Früchten und Mandeln bestreuen und diese in den Teig drücken. Teig leicht durchkneten, um die Früchte gleichmäßig zu verteilen, und zu einem etwa 30 x 20 cm großen Rechteck ausrollen.

7 Teig mit Butter bestreichen und mit dem restlichem Zucker bestreuen. Die Längsseiten des Teiges zur Mitte hin einschlagen. Hände bemehlen und den Teig an den Enden leicht in Form drücken.

8 Kastenform mit Backpapier auslegen. Teiglaib in die Form setzen und mit zerlassener Butter bepinseln. Mit einem Geschirrtuch abdecken und etwa 30 Minuten auf doppelte Größe aufgehen lassen. Backofen auf 190 °C/Gas Stufe 5 vorheizen.

9 30–40 Minuten goldbraun backen. Auskühlen lassen und vor dem Servieren mit Puderzucker bestreuen. Zum Aufbewahren fest in Frischhaltefolie wickeln.

Griechischer Honigkuchen

Zutaten
275 g Honig
½ TL Nelkenpulver
½ TL Zimt
½ TL geriebene Muskatnuß
90 g weiche Butter
90 g brauner Zucker
3 Eier, getrennt
1 TL Speisesoda
250 g Mehl
1 TL Backpulver
90 g getrockneter Früchtemix
90 g Walnüsse, gehackt
erwärmter Honig und Walnußhälften zum Verzieren

Dieser Honigkuchen wird am besten schon zwei Monate vor Weihnachten zubereitet, damit er bis zu den Festtagen seinen Geschmack voll entfalten kann und die Honigglasur besser eindringt.

Menge reicht für einen etwa 20 cm grossen, quadratischen Kuchen

1 Eine 18 cm große, tiefe, quadratische Backform mit Backpapier auslegen. Backofen auf 160 °C/Gas Stufe 3 vorheizen.

2 Honig, Nelken, Zimt und Muskat langsam erhitzen, aufkochen und abkühlen.

3 Butter und Zucker schaumig schlagen. Ein Eigelb nach dem anderen gut unterrühren.

4 Honigmischung und Speisesoda sorgfältig daruntermischen.

5 Mehl und Backpulver versieben und unter die Honigmischung rühren, bis die Masse gut bindet.

6 Eiweiß steif schlagen. Mit Früchten und Nüssen unter die Masse heben und in die Backform füllen. Die Oberfläche mit einer Tortenspachtel oder einem Messer glattstreichen.

7 Gut eine Stunde backen, bis der Kuchen schön aufgegangen und goldbraun ist und bei Druck leicht nachgibt.

8 Kuchen in der Form auskühlen lassen. Auf ein Tortengitter stürzen und Backpapier entfernen. Kuchen in Frischhalte- oder Alufolie wickeln und vor dem Verzehr 1–2 Tage ruhen lassen, damit sich der volle Geschmack entfalten kann. Vor dem Servieren Kuchen mit warmem Honig glasieren und mit Walnußhälften verzieren.

Fougasse-Weihnachtsbrot

Zutaten

500 g Mehl, zusätzlich Mehl zum Bemehlen
¼ TL Salz
2 Päckchen Trockenhefe
60 g brauner Zucker
geriebene Schale und Saft einer Orange
150 ml Olivenöl, zusätzlich Öl zum Bepinseln
2 Eier
verschiedene frische und getrocknete Früchte, Nüsse und andere kleine Leckereien (z.B. Äpfel, Birnen, Feigen, Trauben, Granatäpfel, getrocknete Datteln, getrocknete Feigen, Rosinen, Walnüsse, Mandeln, Eßkastanien, Haselnüsse und Nougat)

Abbildung S. 153

Dieses reichhaltige Brot ist das Kernstück der »Dreizehn Desserts« aus der Provence und steht symbolhaft für Jesus. Die zwölf Apostel werden durch Nüsse, kleine Naschereien, frische und getrocknete Früchte versinnbildlicht. Bis zum Dreikönigstag wird dieser Kranz bei Bedarf immer wieder aufgefüllt.

12 Portionen

1 Mehl und Salz versieben. Hefe, Zucker und Orangenschale hinzufügen und mischen.

2 Den Orangensaft mit heißem Wasser auf 300 ml auffüllen und mit dem Öl und den Eiern verquirlen. Zum Mehl geben und die Masse durchschlagen.

3 Auf einer leicht bemehlten Arbeitsplatte 10 Minuten mit der Hand bzw. mit Knethaken kneten, bis der Teig nicht mehr klebt.

4 Teig in eine ausgefettete Schüssel geben, mit Frischhaltefolie abdecken und an einem warmen Ort mindestens eine Stunde auf doppelte Größe aufgehen lassen.

5 Teig auf bemehlter Arbeitsplatte kneten, bis er glatt und elastisch ist. In zwei Hälften teilen, eine Hälfte zu einem Kreis mit etwa 20 cm Durchmesser ausrollen. Andere Teighälfte bedeckt lassen.

6 Backofen auf 220 °C/Gas Stufe 7 vorheizen. Teigkreis auf ein eingefettetes Backblech legen, von der Mitte aus sternförmig kurze Schnitte setzen. Schnitte mit leicht befetteten Händen etwas auseinanderziehen. Teig mit Frischhaltefolie abdecken und 20–30 Minuten gehen lassen. Mit der zweiten Teighälfte ebenso verfahren.

7 Brot 20–25 Minuten goldbraun backen, gegebenenfalls mit Alufolie abdecken, damit es nicht zu sehr bräunt. Auf einem Tortengitter auskühlen lassen.

8 Brot in die Mitte einer großen Platte setzen und darum herum 12 Leckereien drapieren: frische und getrocknete Früchte, Rosinen, Sultaninen, Nüsse, Nougat usw.

Lebkuchenhaus

Zutaten

6 EL (90 ml) Honig
2 EL Melasse
90 g brauner Zucker
500 g Mehl, zusätzlich Mehl zum Bemehlen
1 Päckchen Lebkuchengewürz
1 EL Speisesoda
2 Eigelb

Dekor

einfache Menge Zuckerguß (siehe Rezept S. 175)
Dekorbonbons
Puderzucker zum Bestreuen

Viele deutsche Weihnachtstraditionen stammen noch aus dem Mittelalter. Die verschiedenen Kekse und Torten, welche zu Weihnachten gebacken werden, haben ihren Ursprung oft in bestimmten Städten, wie etwa der Nürnberger Lebkuchen.

20 Portionen

1 Schablonen für das Lebkuchenhaus gemäß Angaben auf S. 189 fertigen. Backofen auf 190 °C/Gas Stufe 5 vorheizen. 3–4 Backbleche mit Backpapier belegen. Honig, Melasse, Zucker und Butter unter ständigem Rühren langsam erhitzen, bis die Masse bindet.

2 Mehl mit Lebkuchengewürz und Speisesoda mischen. Mit Eigelb und Honigmischung zu einem weichen Teig verrühren und auf einer leicht bemehlten Arbeitsplatte kneten, bis die Teigoberfläche glatt ist.

3 Ein Drittel des Teiges abteilen, Rest in Frischhaltefolie wickeln. Teigdrittel dünn auf einem Backblech ausrollen. Schablonen für die Seitenwände auflegen und mit einem scharfen Messer ausschneiden. Teigreste verkneten und wieder ausrollen.

4 Seitenwände 8–10 Minuten goldbraun backen und auf dem Backblech auskühlen lassen. Aus dem übrigen Teig restliche Wände und Dach ausschneiden.

5 Zuckerguß nach Rezept auf S. 175 zubereiten und in einen Dressierbeutel mit kleiner Lochtülle füllen. Fenster, Türen, Wände und Dach des Lebkuchenhauses damit verzieren und trocknen lassen.

6 Um das Haus zusammenzusetzen, etwas Zuckerguß auf die Seitenkanten der Wände aufspritzen und auf einer 25 cm großen Tortenplatte zusammenkleben.

7 Für das Dach etwas Zuckerguß auf die Dachgiebellinie auftragen und zusammensetzen. Längswände dort, wo das Dach aufsetzen soll, ebenfalls mit Zuckerguß bestreichen und Dach vorsichtig daraufsetzen. Bis der Zuckerguß fest geworden ist (dauert etwa 15–20 Minuten), Dachüberhänge eventuell mit Büchern oder kleinen Schachteln stützen. (Siehe S. 189)

8 Lebkuchenhaus fertig verzieren. Entlang der Kanten und des Fundaments Dekorbonbons mit Hilfe von Zuckerguß aufsetzen. Tortenplatte und Lebkuchenhaus mit Puderzucker bestreuen.

Silvesterbällchen

Zutaten
300 g Mehl
¼ TL Salz
30 g feiner Kristallzucker
1 Päckchen Trockenhefe
200 ml Milch, lauwarm
2 Eier
Fülle
60 g Korinthen
60 g Rosinen
30 g Aranzini
1 EL frisch abgeriebene Zitronenschale
Pflanzenöl zum Ausbacken
Puderzucker zum Bestreuen

Diese köstlichen Leckereien aus Holland bestehen aus Hefeteig umhüllten, getrockneten und kandierten Früchten und werden in heissem Fett goldbraun und knusprig herausgebacken.

20 Stück

1 Mehl und Salz in vorgewärmte Schüssel sieben, Zucker und Hefe untermengen.

2 Milch und Eier daruntermischen und zu einem weichen, glatten Teig schlagen. Der Teig sollte gerade noch am Holzlöffel kleben bleiben.

3 Teig mit Frischhaltefolie abdecken und an einem warmen Ort eine Stunde auf doppelte Größe aufgehen lassen.

4 Korinthen, Rosinen, Aranzini und Zitronenschale mischen und unter den Teig heben. Mit Frischhaltefolie abdecken.

5 Öl in einen etwa 10 cm hohen Topf gießen und auf 170 °C erhitzen. Die Temperatur ist erreicht, wenn ein Brotwürfelchen innerhalb von 30 Sekunden bräunt.

6 Mit einem Eßlöffel etwas Teig abstechen und vorsichtig in das heiße Öl gleiten lassen. Pro Durchgang 4 Bällchen unter ständigem Wenden ausbacken. Auf einem mit Küchenpapier ausgelegtem Tortengitter abtropfen lassen. Restlichen Teig ebenso verarbeiten.

7 Bällchen mit Puderzucker bestreuen und nach Belieben warm oder kalt servieren.

St. Nikolaus-Kekse

Zutaten
250 g Mehl, mit Backpulver versetzt
je ¼ TL gemahlener Zimt, Anis, Kardamom, Ingwer, gemahlene Muskatblüte, Muskatnuß und Nelken
125 g brauner Zucker
60 g geriebene Mandeln
125 g weiche Butter
1 Ei, verquirlt
60 g Mandelblättchen
30 g Korinthen
Dekor
einfache Menge Zuckerguß (siehe Rezept S. 175)
rote, gelbe und grüne Lebensmittelfarbe
2 mm breite, bunte Bänder

Abbildung S. 178

In Holland werden für diese Kekse traditionellerweise hölzerne Formen verwendet

24 Stück

1 Backofen auf 190°C/Gas Stufe 5 vorheizen. 3–4 Backbleche mit Backpapier belegen.

2 Mehl und Gewürze in eine Schüssel sieben. Mit Zucker, geriebenen Mandeln und kleingeschnittener Butter mischen, mit etwas Ei binden und gut verkneten.

3 Teig dünn ausrollen und beliebige Formen ausstechen. Kekse auf das Backblech legen und mit Mandelblättchen und Korinthen verzieren. Um die Kekse aufhängen zu können, mit einem Strohhalm ein kleines Loch in jeden Keks bohren. 10–15 Minuten goldbraun backen. Zunächst auf dem Backblech abkühlen lassen, dann auf ein Tortengitter legen.

4 Zuckerguß in 3 Portionen teilen und rot, gelb und grün färben. Jede Farbe in einen Dressierbeutel mit kleiner Lochtülle füllen.

5 Konturen der Kekse mit Zuckerguß nachziehen oder Kekse mit verschiedenen Mustern und Farben verzieren. An einem kalten Ort trocknen lassen. Mit farbigen Bändern an den Weihnachtsbaum hängen.

Marzipanfrüchte

Zutaten
250 g weißes Marzipan
grüne, gelbe und orange Lebensmittelfarbe
ganze Gewürznelken, halbiert

Verwenden Sie kleine Marzipanfrüchte zum Verzieren von Torten oder zum Dekorieren der Weihnachtstafel.

40 Stück

1 Marzipan vierteln. 2 Marzipanteile hell- und dunkelgrün, restliches Marzipan gelb und orange färben.

2 Hellgrüne, gelbe und orange Marzipanstücke zu kleinen Äpfeln, Birnen und Orangen formen. Orange mit feinem Reibeisen die typische Orangenhaut verleihen. Halbierte Gewürznelken als Stengel und Kelch verwenden.

3 Aus dunkelgrünem Marzipan kleine, verschiedene Blätter ausstechen. Blattadern andeuten, indem man ein echtes Blatt leicht in den Marzipan drückt. Blätter etwas biegen.

4 An einem warmen Ort über Nacht trocknen lassen. Zum Verzieren einer Torte Marzipan mit etwas Zuckerguß fixieren.

Glücksschweinchen

Zutaten

175 g Mehl, mit Backpulver versetzt, zusätzlich Mehl zum Bemehlen
1 TL gemahlener Ingwer
1 TL Muskat
geriebene Schale einer Zitrone
125 g Margarine oder Butter
90 g brauner Zucker
60 g Korinthen
1 Ei, verquirlt
2 mm breites, farbiges Band zum Dekorieren

Abbildung S. 178

Aus diesem feinen Ingwerteig aus Cornwall können natürlich auch Sterne, Herzen und Figuren ausgestochen werden. In der Adventszeit schmücken diese Kekse Läden oder Marktstände in ganz Cornwall.

60 Stück

1 Mehl und Gewürze in eine Schüssel sieben. Mit Zitronenschale, Zucker und Butter mischen.

2 Ei und 45 g Korinthen hinzufügen und zu festem Teig verarbeiten. In Frischhaltefolie wickeln und 1 Stunde kalt stellen.

3 2 Backbleche mit Backpapier auslegen und Backofen auf 190 °C/Gas Stufe 5 vorheizen.

4 Teig auf leicht bemehlter Arbeitsplatte 6 mm dick ausrollen. Verschiedene Formen ausstechen, Teigreste immer wieder verkneten und neu ausrollen.

5 Kekse in gutem Abstand auf das Backblech setzen, Korinthen als Augen aufsetzen und 10–15 Minuten backen. Noch auf dem Backblech etwa 10 Minuten abkühlen lassen und dann auf ein Tortengitter legen.

6 Jedes Keksschweinchen mit einer Schleife um den Hals schmücken und auf einem großen Teller anrichten oder an den Christbaum hängen.

Schottisches Mürbteiggebäck

Zutaten

175 g Mehl, zusätzlich Mehl zum Bemehlen
60 g feiner Kristallzucker, zusätzlich Zucker zum Bestreuen
60 g Mais- oder Reismehl
125 g Butter, klein geschnitten

Abbildung S. 179

Schottisches Mürbteiggebäck wird traditionellerweise mit Holzformen gemacht und in kleine Dreiecke, die man als »Petticoat Tails« bezeichnet, geteilt.

12 Stück

1 Backofen auf 160 °C/Gas Stufe 3 vorheizen. 1 TL Mehl und 1 TL Zucker vermischen und eine typisch schottische Holzform mit einem Durchmesser von 10 cm bestreuen. Sollte keine Holzform zur Verfügung stehen, normale Keksförmchen verwenden. Backblech mit Backpapier belegen.

2 Mehl, Maismehl und Zucker in eine Schüssel sieben, mit Butter verkneten.

3 Teig in zwölf gleich große Stücke teilen und auf die Größe der Holzform ausrollen. Form mit dem Teig auslegen. Überstehende Ränder abschneiden. Teig auf das Backblech stürzen. Sollte er sich nicht aus der Form lösen, diese leicht aufklopfen. Holzform stets neu bemehlen.

4 Sollte keine Holzform zur Verfügung stehen, Teig auf einer bemehlten Arbeitsplatte 6 mm dick ausrollen und Keksförmchen verwenden. Im Backofen 35–40 Minuten sehr hell backen.

5 Mürbteigkekse mit Kristallzucker bestreuen und auf dem Backblech auskühlen lassen.

Schokoladetrüffel

Zutaten

125 ml Sahne
2 EL dunkler Rum, Brandy oder Sherry
250 g weiße Schokolade, geschmolzen

Mantel

2 TL Kakao, 1 TL Puderzucker
60 g weiße, Milch- oder Bitterschokolade, gemahlen
2 EL Schokoladespäne
60 g Bitterschokolade, geschmolzen
60 g feingehackte Nüsse

Abbildung S. 179

Schokoladetrüffel erfreuen sich gerade zu Weihnachten, als Geschenk hübsch verpackt oder auf einem schönen Teller angerichtet, immer wieder grösster Beliebtheit.

30 Stück

1 Sahne durch Aufkochen pasteurisieren und handwarm abkühlen. Rum, Brandy oder Sherry einrühren und unter geschmolzene Schokolade mischen.

2 Masse schaumig rühren und 2-3 Stunden kalt stellen, bis sie fest genug ist, um sich formen zu lassen.

3 Mit einem Teelöffel kleine Kugeln formen und in ausreichendem Abstand auf ein mit Küchenpapier ausgelegtes Tablett legen. Im Kühlschrank etwa 1 Stunde erstarren lassen und nachformen.

4 Kakao und Puderzucker sieben und einige Trüffelkugeln darin wälzen. Restliche Trüffelkugeln nach Belieben in geriebener Schokolade, Schokoladespänen, geschmolzener Schokolade oder Nüssen wälzen und nochmals kalt stellen.

Wenn Weihnachten naht

Muscheln
Bereits im Sommerurlaub Muscheln sammeln oder im Fachhandel kaufen.

Noch zehn Wochen

- *Zeitschriften nach neuen Ideen und Anregungen durchblättern*
- *Angebote der großen Kaufhäuser prüfen*
- *Geschenkeliste machen und entscheiden, was selbst gebastelt wird*
- *Selbstgemachten Adventskalender (siehe S. 120) entwerfen und planen*
- *Weihnachtskarten und Geschenkpapier entwerfen*
- *Kleine Dekorationsstücke und Kinkerlitzchen wie Blätter, Samenhülsen, Knöpfe, Bänder und Pailletten sammeln*

Noch acht Wochen

- *Bastelmaterial für Karten, Geschenke und Adventskalender kaufen*
- *Adventskalender (siehe S. 120) basteln*
- *Sich für einen Weihnachtsbaum (siehe S. 14–17) entscheiden*
- *Beginnen, Weihnachtskarten und -geschenke zu basteln*
- *Nikolausstiefel (siehe S. 118) basteln*
- *Weihnachtsbaumdekoration planen*
- *Honigkuchen (siehe S. 180) backen und in Folie verpacken*

Noch sechs Wochen

- *Mit Geschenkeinkäufen beginnen*
- *Mit Basteln des Christbaumschmucks beginnen*
- *Weihnachtspost planen und Briefmarken kaufen*
- *Weihnachtsessen planen*
- *Einige zusätzliche Weihnachtsartikel auf die wöchentliche Einkaufsliste setzen*
- *Dreikönigstorte (siehe S. 174), Kranzkuchen (siehe S. 175) und Christmas Pudding (siehe S. 168) backen und in Folie verpackt aufbewahren*

Salzteigkamel
(siehe S. 20–21)
Salzteigschmuck bereits sechs Wochen vor Weihnachten herstellen.

Noch vier Wochen

- *Geschenkpapier (siehe S. 100–101) bedrucken*
- *Geschenkschachteln (siehe S. 102) basteln*
- *Adventskalender aufhängen und die Kinder auffordern, Briefe an das Christkind zu schreiben*
- *Gestaltung des Weihnachtstisches überlegen und mit entsprechenden Bastelarbeiten beginnen*
- *Dekorationen aus haltbarem Bastelmaterial herstellen*
- *Weihnachtsbeleuchtung planen*
- *Falls nötig, Weihnachtsbraten vorbestellen*

Bestickte Servietten
(siehe S. 131)
Für festliche Motive auf Servietten Goldfaden verwenden.

Noch zwei Wochen

- *Weihnachtstischwäsche (siehe S. 130–131) waschen und eventuell dekorieren*
- *Baum kaufen, in einen Kübel mit Wasser stellen und kühl lagern*
- *Christbaumbeleuchtung kontrollieren und eventuell ersetzen*
- *Kerzen kaufen*
- *Stechpalmenblätter und Immergrün besorgen*
- *Haltbare Lebensmittel bereits jetzt kaufen*
- *Speisen, die sich tiefkühlen lassen, z.B. Füllungen (siehe S. 158–159), Suppen (siehe S. 148–149) und Mince Pies (siehe S. 177) vorbereiten*
- *Dreikönigstorte (siehe S. 174) glasieren*
- *Panettone (siehe S. 175) backen und in Folie gewickelt aufbewahren*
- *Pavlova-Baiser (siehe S. 177) zubereiten und luftdicht verpackt aufbewahren*

Geschenkschachtel
(siehe S. 102)
Geschenke eine Woche vor Weihnachten verpacken.

Noch eine Woche

- *Geschenke einpacken und dekorieren*
- *Dekorationen aus Immergrün, z.B. Glückskranz (siehe S. 68–71), basteln*
- *Lebkuchenengel (siehe S. 40–42) für den Weihnachtsbaum backen*
- *Wohnung schmücken*
- *Preiselbeersauce (siehe S. 165) zubereiten*
- *Schokoladetrüffel (siehe S. 183) zubereiten und kühl aufbewahren*
- *Cumberland-Rumbutter (siehe S. 168) zubereiten*
- *Lebkuchenhausteile (siehe S. 181) backen und in einer Keksdose aufbewahren*
- *Kekse und Gebäck (siehe S. 182–183) zubereiten und gut verpackt aufbewahren*

Noch drei bis vier Tage

- *Blumen arrangieren (siehe S. 66–67)*
- *Neue Girlande machen (siehe S. 60–63)*
- *Leicht verderbliche Lebensmittel einkaufen*
- *Eiswürfel für Getränke vorbereiten*
- *Schinken kochen und kühlen (siehe S. 156)*

Noch einen Tag

- *Baum schmücken*
- *Früchte- und Blumenturm anfertigen (siehe S. 72)*
- *Soweit möglich für das Festmahl vorkochen*
- *Tiefgekühlte Speisen auftauen, für große Braten 24 Stunden Auftauzeit rechnen*
- *Tisch, wenn möglich, decken*
- *Getränke kalt stellen*

Frische Stechpalmenblätter
Dekorationen aus frischen Materialien so spät wie möglich basteln.

Schablonen

Verwenden Sie die Schablonen auf den folgenden Seiten für bestimmte Bastelarbeiten oder zum Verzieren von Geschenkanhängern, Karten, bedrucktem Papier oder Weihnachtsschmuck. Mit Hilfe des Rasters ist proportionales Vergrößern oder Verkleinern kein Problem.

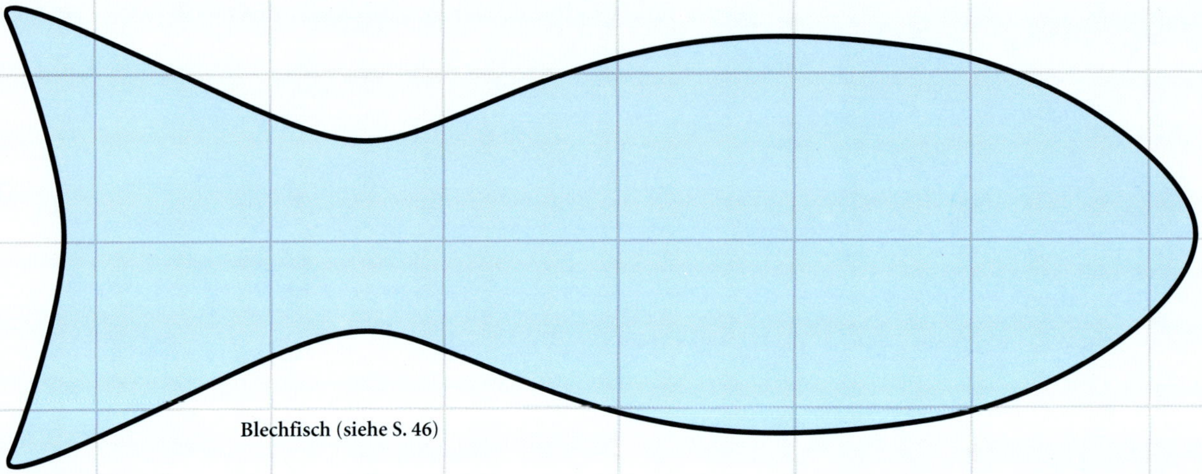

Blechfisch (siehe S. 46)

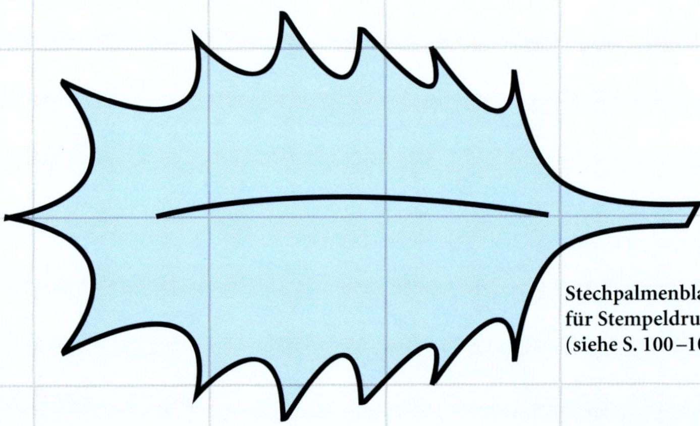

Stechpalmenblatt für Stempeldruck (siehe S. 100–101)

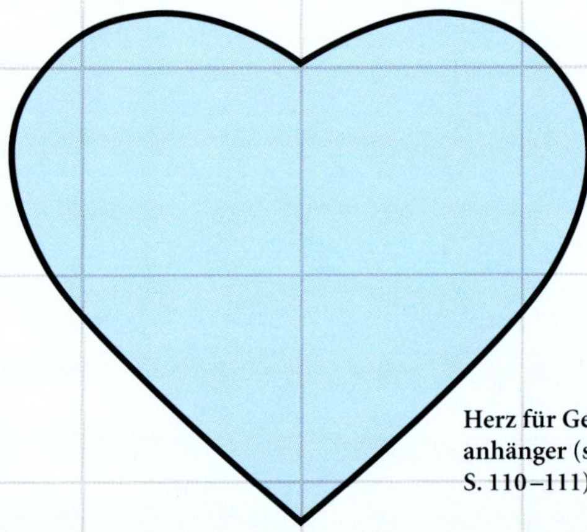

Herz für Geschenkanhänger (siehe S. 110–111)

Zahlen für Adventskalender (siehe S. 120–121)

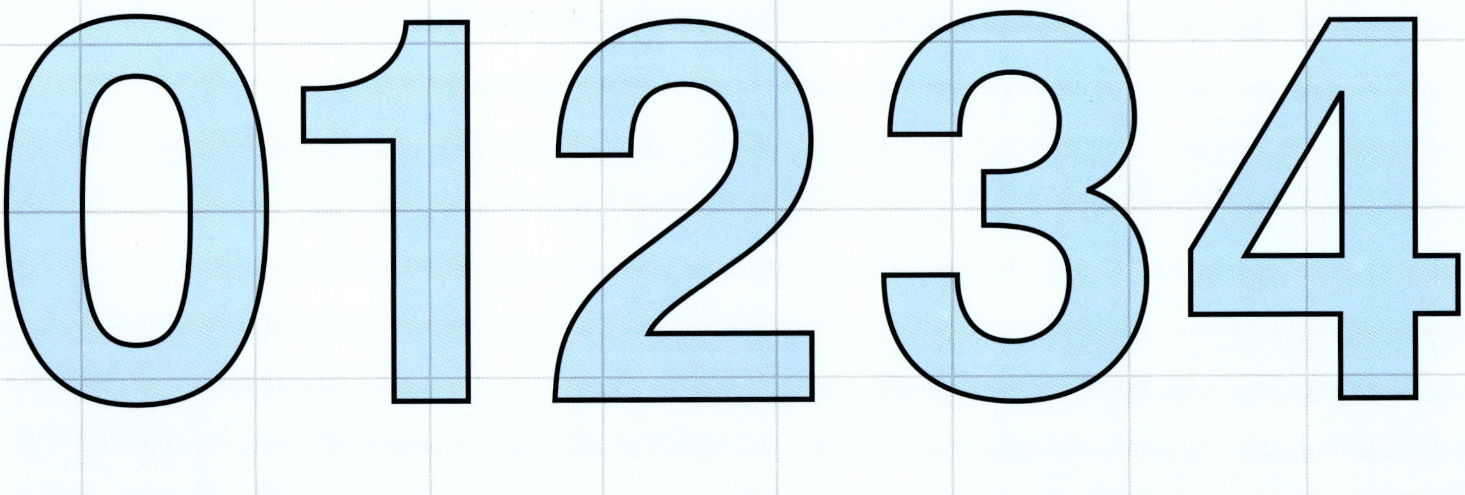

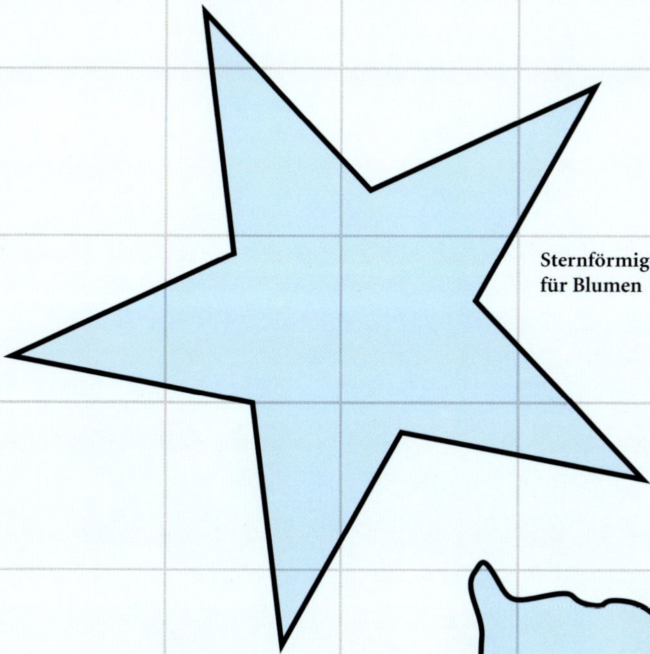

Sternförmige Halsmanschette für Blumen

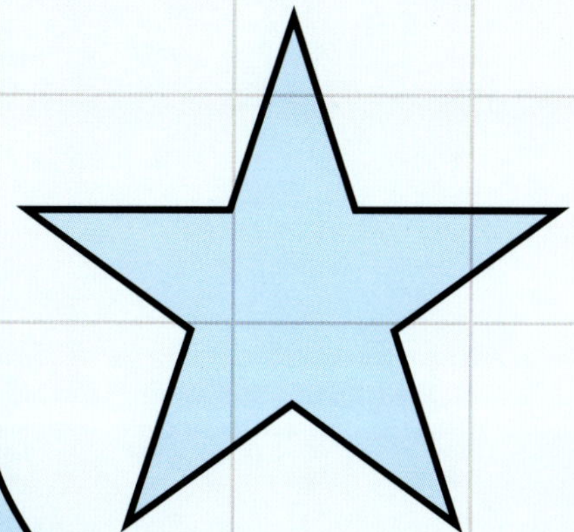

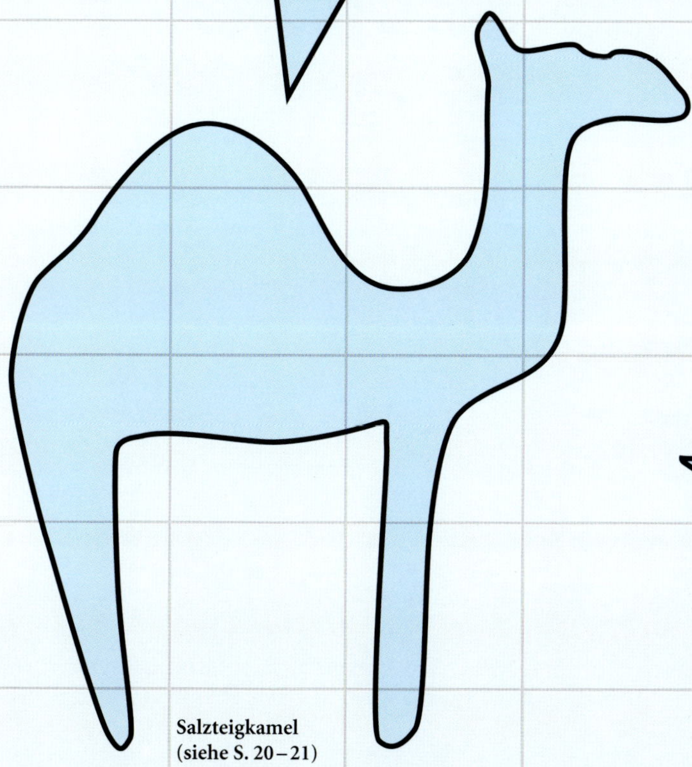

Salzteigkamel (siehe S. 20–21)

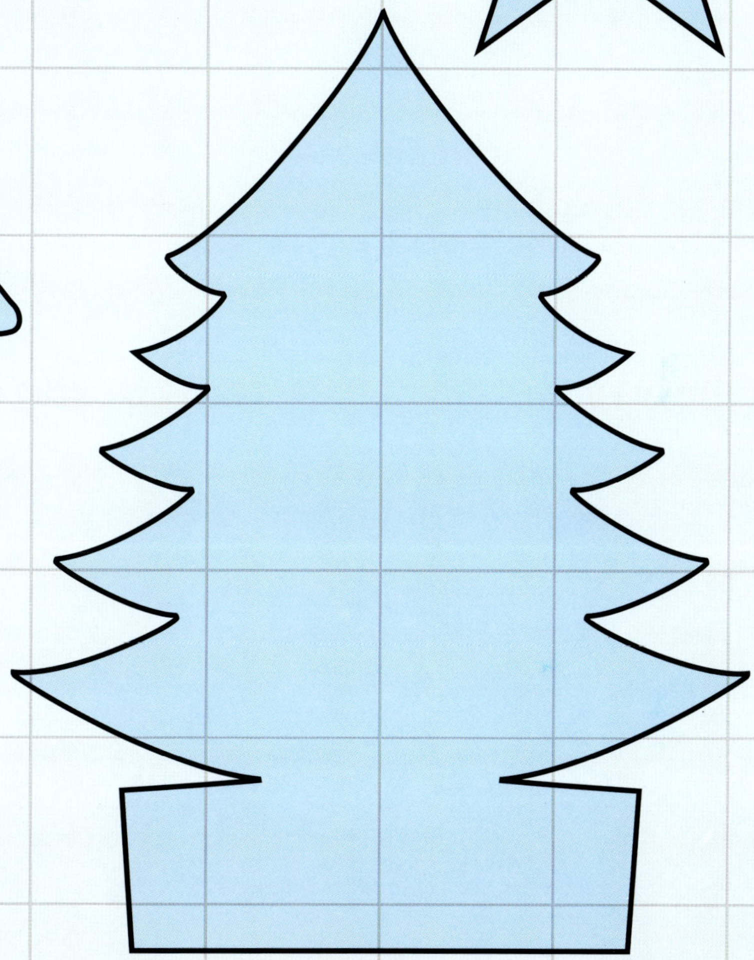

Baumkarte (siehe S. 114–115)

Schaf (siehe S. 114–115)

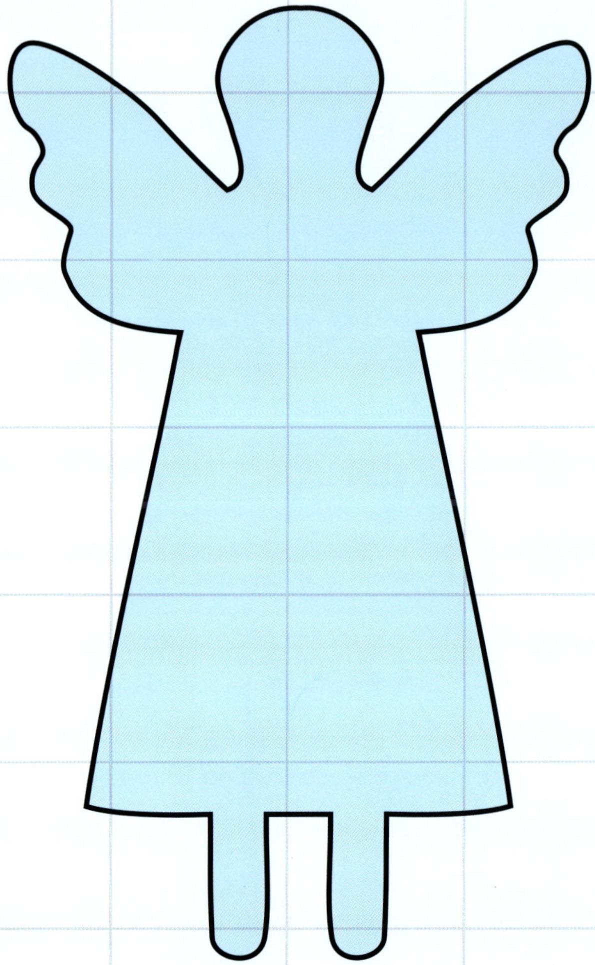

Lebkuchenengel (siehe S. 42)

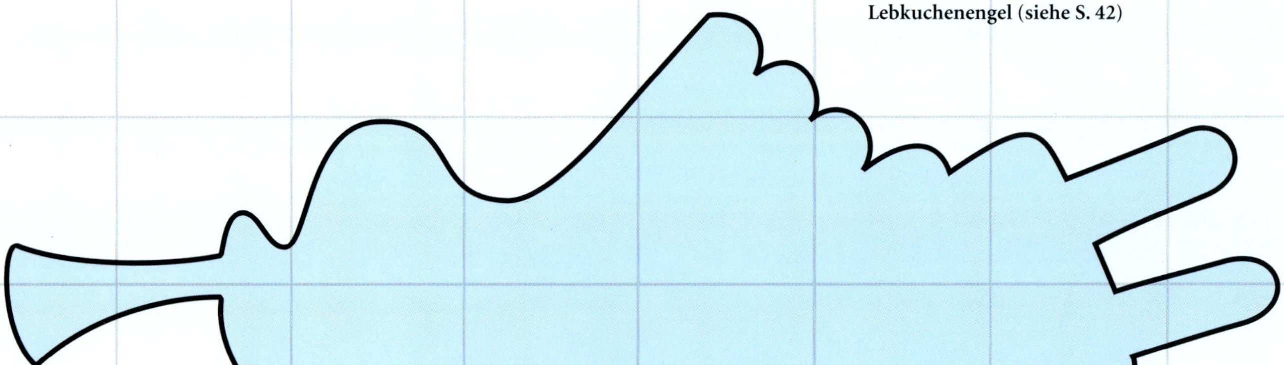

Lebkuchenengel (siehe S. 42)

Lebkuchenhaus (siehe S. 181)

Hausteile mit Zuckerguß verkleben. Zuerst Wandteile B und C zusammensetzen. Zuckerguß auf Dachfirst und entlang der Giebelkanten von Teil C sowie am oberen Rand der Wand B auftragen und zusammensetzen. Dachüberhänge stützen, bis Zuckerguß hart ist (dauert etwa 15 Minuten).

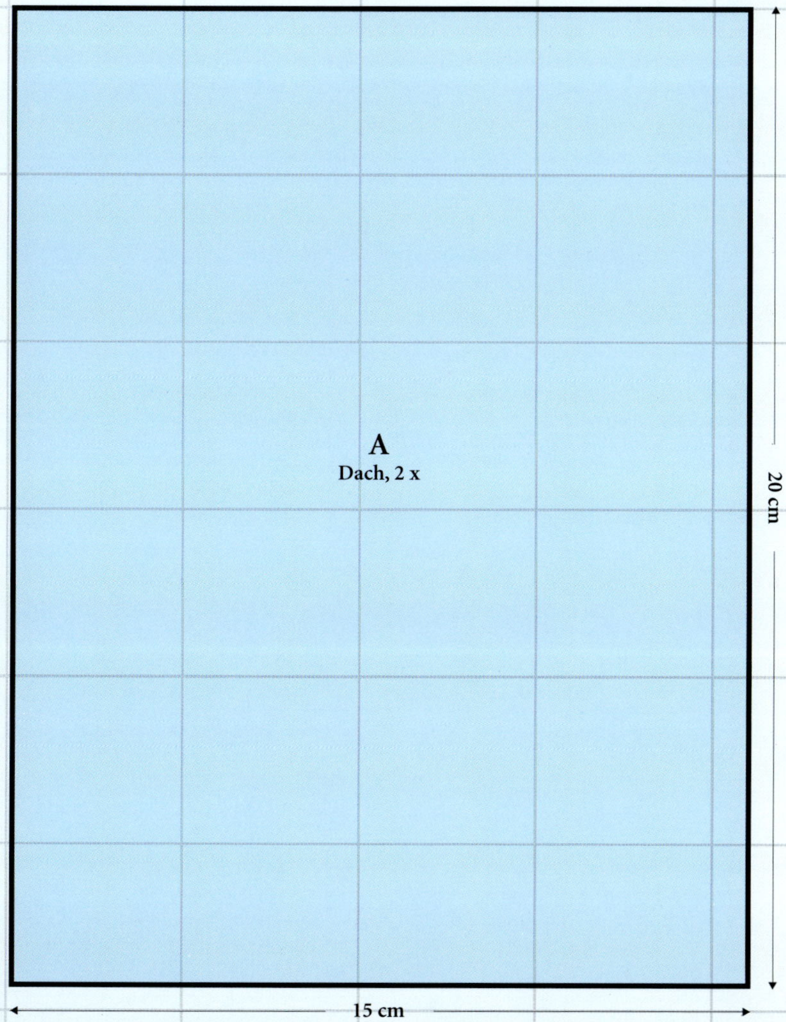

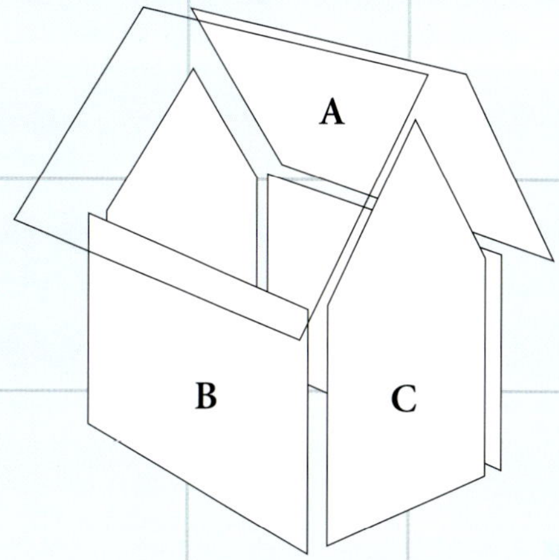

Zusammensetzen des Lebkuchenhauses

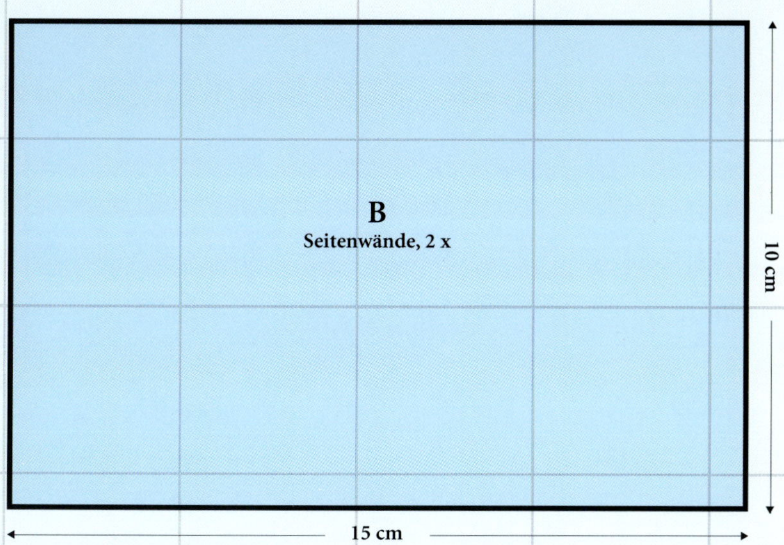

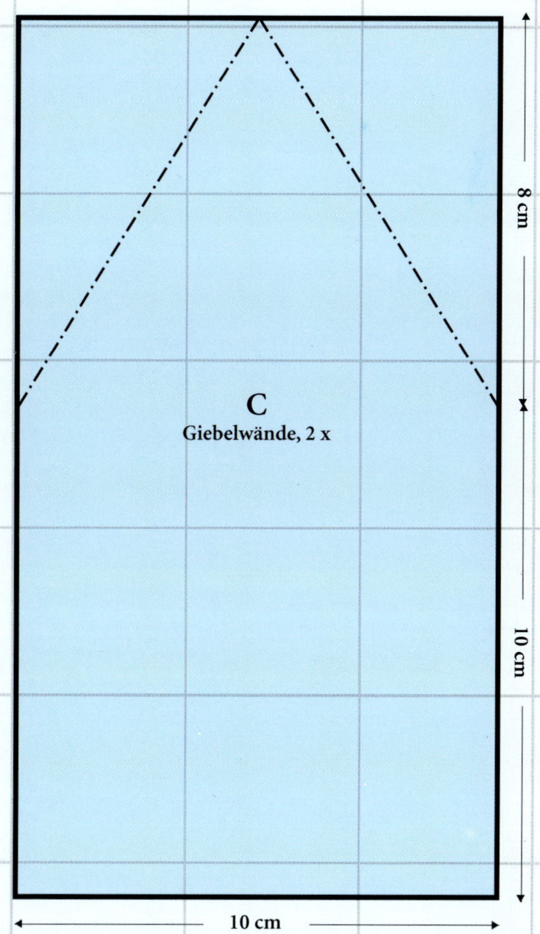

Register

Danksagung

DANKSAGUNG
DER AUTORIN

Ich danke allen Mitarbeitern von Dorling Kindersley, die viel Arbeit in dieses Projekt investiert haben: Susannah, Carole, Toni und Tracy für ihre tatkräftige Unterstützung und Ideen, und dafür, daß sie für die Einhaltung der Zeitpläne gesorgt haben. Mein Dank geht des weiteren an Dave King für seine Geduld und Kreativität bei den Fototerminen und für seine köstlichen Essenseinladungen, die beschwingte Musik und seine nette Gesellschaft. An Kate, die mit Ruhe, Professionalität und Kompetenz die Fototermine betreute und viel Arbeit in die einmalige Gestaltung des Buches investiert hat. An Annabel für ihre wertvollen stilistischen Anregungen und die Gelassenheit und Kompetenz, mit der sie das gesamte Projekt betreut hat – und das war wirklich kein Kinderspiel.
Zu guter Letzt geht mein Dank noch an Kylie, Alexa und alle anderen Projektmitarbeiter.

DANKSAGUNG
DES HERAUSGEBERS

Dorling Kindersley dankt Lucy Parissi und Emy Manby für ihre graphische Unterstützung, Linda Sonntag und Kirsten MacKinnon für die redaktionelle Unterstützung, Clifton Nurseries für die Blaufichte auf den Seiten 14 und 18, die Stechpalme auf den Seiten 14 und 28, den Lorbeerbaum auf den Seiten 14 und 44 und den Holzübertopf auf Seite 14 sowie Texas Home Care für die Kaminsimse auf den Seiten 88–95 und 116–119.

Rezeptdesign: Janice Murfitt
Assistenz: Helen Trent
Fotos von Dave King, außer: Martin Brigdale 144–148, 152–154, 158, 159 (o), 160–161, 165–167, 169, 172–173, 176–179, 182–183.
Register: Kate Chapman

Unser Dank geht an:
Clifton Nurseries Ltd., Clifton Villas, Little Venice, London W 9.
Tel.: ++44 171 289 6851
The Flower Barn, Barnham, Chichester, West Sussex.
Tel.: ++44 1243 553490
Spriggs Florist, Golden Square, Petworth, West Sussex.
Tel.: ++44 1798 343372